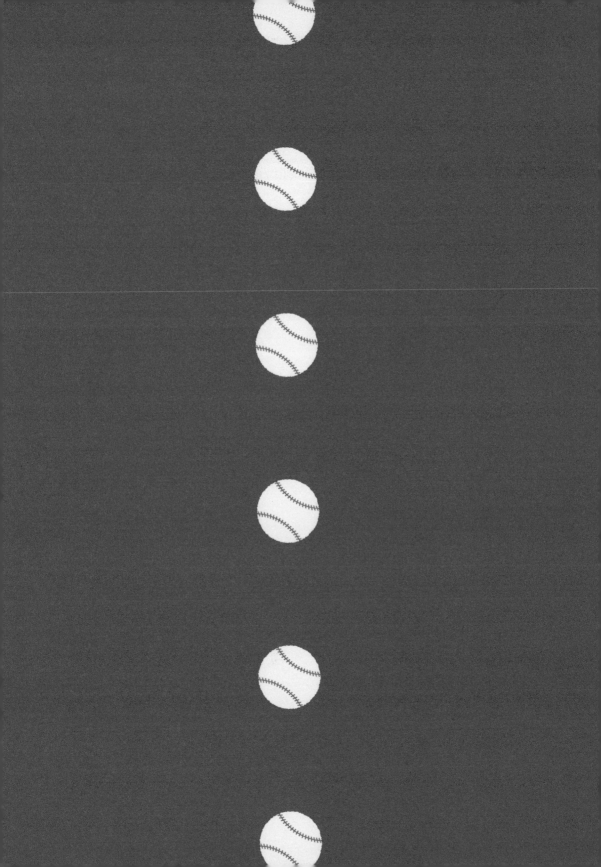

決勝從轉念開始

CRUNCH TIME

在高壓力環境，表現出色

瑞克・彼得森 & 賈德・霍克斯卓／著
by RICK PETERSON & JUDD HOEKSTRA

《大眾心理學叢書》

出版緣起

王榮文

一九八四年，在當時一般讀者眼中，心理學還不是一個日常生活的閱讀類型，它還只是學院門牆內一個神祕的學科，就在歐威爾立下預言的一九八四年，我們大膽推出《大眾心理學全集》的系列叢書，企圖雄大地編輯各種心理學普及讀物，迄今已出版達三百種。

《大眾心理學全集》的出版，立刻就在臺灣、香港得到旋風式的歡迎，翌年，論者更以「大眾心理學現象」為名，對這個社會反應多所論列。這個閱讀現象，一方面使遠流出版公司後來與大眾心理學有著密不可分的聯結印象，一方面也解釋了臺灣社會在群體生活日趨複雜的背景下，人們如何透過心理學知識掌握發展的自我改良動機。

但十年過去，時代變了，出版任務也變了。儘管心理學的閱讀需求持續不衰，我們仍要虛心探問：今日中文世界讀者所要的心理學書籍，有沒有另一層次的發展？

在我們的想法裡，「大眾心理學」一詞其實包含了兩個內容：一是「心理學」，指出叢書的範圍，但我們採取了更寬廣的解釋，不僅包括西方學術主流的各種心理科學，也包括規範性的東方心性之學。二是「大眾」，我們用它來描述這個叢書的「閱讀介面」，大眾，是一種語調，也是一種承諾（一種想為「共通讀者」服務的承諾）。

經過十年和二百種書，我們發現這兩個概念經得起考驗，甚至看來加倍清晰。但叢書要打交道的讀者組成變了，叢書內容取擇的理念也變了。

從讀者面來說，如今我們面對的讀者更加廣大、也更加精細（sophisticated）；這個叢書同時要了解高度都市化的香港、日趨多元的臺灣，以及面臨巨大社會衝擊的中國沿海城市，顯然編輯工作是需要梳理更多更細微的層次，以滿足不同的社會情境。

從內容面來說，過去《大眾心理學全集》強調建立「自助諮詢系統」，並揭櫫「每冊都解決一個或幾個你面臨的問題」。如今「實用」這個概念必須有新的態度，一切知識終極都是實用的，而一切實用的卻都是有限的。這個叢書將在未來，使「實用的」能夠與時俱進（update），卻要容納更多「知識的」，使讀者可以在自身得到解決問題的力量。新的承諾因而改寫為「每冊都包含你可以面對一切問題的根本知識」。

在自助諮詢系統的建立，在編輯組織與學界連繫，我們更將求深、求廣，不改初衷。

這些想法，不一定明顯地表現在「新叢書」的外在，但它是編輯人與出版人的內在更新，叢書的精神也因而有了階段性的反省與更新，從更長的時間裡，請看我們的努力。

CONTENTS

目次

CONTENTS

名人讚賞

「面臨高壓時刻，不要只是求生存，請運用瑞克和賈德教導的方法，你一定會成功！」

——**馬歇爾・高登史密斯**（Marshall Goldsmith，暢銷作家，Thinkers50 領導思想家第一名）

「商場如棒球場，壓力之下的表現可以成就你的事業，也能摧毀你的事業。《*Crunch Time*》教你如何在關鍵時刻成功。」

——**特拉維斯・布拉貝里**（Travis Bradberry，暢銷書《Emotional Intelligence 2.0》共同作者）

「在紐約，每一天都是關鍵時刻。我擔任紐約大都會隊經理期間，瑞克是我最佳的投手教練，他有獨一無二的能力，能夠幫助我在壓力環境之下轉念，取得最好表現。如果你也想在你自己的壓力環境中取得最佳表現，《*Crunch Time*》非讀不可！」

——**威利・藍道夫**（Willie Randolph，紐約大都會隊前教練，六度入選全明星隊，六度拿到世界大賽冠軍）

「瑞克・彼得森是國家的珍貴資產。他說故事的能力，只有他得來不易的智慧足以匹配，我很興奮他跟賈德・霍克斯卓一起合作將兩者之最呈現給讀者。他們的書充滿洞見，教你如何在壓力最大之際表現出最好的你。」

——**卡德・梅西博士**（Cade Massey，華頓商學院博士、教授）

「不論在職場還是在家裡，我們不時會感覺肩頭異常沉重，瑞克和賈德採用瑞克多年來跟優秀運動員共事的經驗，不僅能幫你卸下肩上的重擔，還能讓你表現出最好的自己。」

——**蘇珊．托瑞拉**（Susan Torroella，健康企業解決方案公司（Wellness Corporate Solutions）執行副總，《財富雜誌》「小公司最佳老闆獎」得主）

「你的心跳加速，胃痛翻攪，所有人的視線都落在你身上，你接下來的舉動會決定你是贏還是輸，業務人員跟職業運動員一樣，對以上情境再熟悉不過。《*Crunch Time*》是一本讀來有趣的書，教你如何善用你的腎上腺素，在壓力最大的環境下取得最佳成績。」

——**比爾．馬修**（Bill Mathews，Facilities Growth 協理）

「瑞克．彼得森一向採取跳脫框架的方法來解決問題，結合了洞見和創意。在《*Crunch Time*》一書中，他和賈德．霍克斯卓用極具說服力且有趣的方式介紹一種處理壓力的方式，有助於我們面對個人生活和職業生活的艱困時刻。」

——**比爾．史冠鐸恩**（Bill Squadron，哥倫比亞大學教授，Bloomberg Sports 前總裁）

「《*Crunch Time*》已經幫助我成功轉念，替我們省下六位數的金錢。這是一本極具啟發效果的書籍，書中的故事都是每個人能夠感同身受的實例，我已經把這項新學到的知識分享給團隊，讓團隊重新取得共識、信心、成功。」

——**約蓋什．馬德瓦尼**（Yogesh Madhvani，SimplexDiam Inc. 執行長）

「我有幸訪談過數百位職業運動員和教練，很少有人像瑞克．彼得森具有如此透澈的洞察力。他有一種天分，能將複雜概念精煉成簡單易懂的詞彙，當然，他在全世界是以培訓最佳投手聞名，但是他也能教導一般人如何在壓力之下也有好表現。唯一能勝過瑞克．彼得森訪談的，唯有瑞克．彼得森的著作。」

——**李．詹金斯**（Lee Jenkins，《運動畫刊》〔*Sports Illustrated*〕首席作家）

「要是能早一點讀到這本書就好了！我有過窒息的經驗，我越是想搞清楚自己為何失敗，壓力就越大，無法清楚思考。閱讀《*Crunch Time*》書中實用的技巧以及切身的實例，現在我知道下一次該怎麼做了。」

——**蘿莉．庫克**（Laurie Cooke，醫療保健女企業家協會執行長）

「不論是世界大賽第七局還是真實世界情況，沒有人比瑞克．彼得森更了解如何處理壓力。」

——**傑瑞．萊因斯多夫**（Jerry Reinsdorf，芝加哥白襪隊和芝加哥公牛隊主席兼老闆）

「精采的幕後故事，敘述頂尖的領袖、教練、表演者如何學會在壓力之下成功。最棒的是，其中的教訓適用於我們每一個人日常的壓力情況。」

——**約翰．高登**（John Gordon，暢銷作家，著有《*Training Camp*》、《能量巴士》〔*The Energy Bus*〕）

「瑞克有多年指導職業和業餘投手的經驗，教他們如何發揮自己真正的潛能、如何擁抱壓力、如何不被他人期待壓垮。他和賈德現在聯手合作，把他們的經驗集結成為《*Crunch Time*》，任何想在商場上或日常生活中克服壓力的人，都非讀不可！」

——**吉姆．杜格特**（Jim Duquette，曾任紐約大都會隊和巴爾的摩金鶯隊的總經理，也是大聯盟球評）

「我很喜歡瑞克進取的、跳脫框架的思考，在我生涯尾聲待在紐約大都會這個壓力鍋時，他惠我良多。透過《*Crunch Time*》這本書，瑞克和賈德提供了一套定位導航系統，幫助你在壓力之下拿出最好表現。」

——**艾爾・萊特**（Al Leiter，有十九年大聯盟投手資歷，兩度世界大賽冠軍，兩度入選全明星賽，曾以大聯盟棒球球評身分榮獲艾美獎）

「瑞克是我生涯遇過投手知識最深入的人，他對我幫助很大，這些幫助還包括分享棒球以外的智慧，像是處理壓力等。建議你好好深入探究《*Crunch Time*》這本書，其中的教誨受用一輩子。」

——**貝瑞・齊托**（Barry Zito，有十五年大聯盟投手資歷，曾拿到世界大賽冠軍，三度入選全明星賽，也曾榮獲賽揚獎）

「《*Crunch Time*》對商業、個人生活、運動等等挑戰的共通概念和技巧做了簡潔的定義與指導，容易領略、應用，也關照到各種不同的實際情況。謝謝這本書幫我找到『轉台』的方法，也讓我知道，遇到壓力可以放鬆以對、拿出最好表現。」

——**崔西・羅伯特**（Tracey Roberts，Weber-Stephen Products LLC 人資長，忙碌的媽媽，週末則變身為鐵人三項的挑戰者）

「表面看來，《*Crunch Time*》似乎只是訴諸技巧來解決人生某個情況（面對壓力時的生理、心理反應），然而再仔細一想，其實不僅如此。從公開演講到教育子女，再到企業領導，這本吸引人、令人有切身感受的書籍所涵蓋的人生教訓非常廣泛，所以，放鬆坐下來，將你的觀點做個轉念。」

——**詹姆士、康羅伊**（James G. Conroy，Boot Barn 董事長兼執行長）

「跟我們所想的不一樣，快樂和成功並不是取決於我們的身體或我們擁有的東西，而是我們的心理狀態。這本書會教你如何訓練自己的腦袋，幫助你在最關鍵時刻拋開壓力和恐懼，拿出最佳表現。」

——**羅吉爾・霍納醫師**（Dr. Rogier Hoeners，荷蘭整合精神醫學中心精神科醫師兼主任）

「《*Crunch Time*》用引人入勝、深具啟發效果的方式，把『教授』（瑞克在大聯盟的稱號）的魔法帶給讀者，賈德把瑞克在投手教練領域的成就連結到我們每天在工作、學校、家裡、社區會碰到的壓力。轉念的威力——在最難受情況之下的轉念——可以改變我們的腦袋、心靈、雙手，將我們從受害人轉變為勝利者。若要成就最好的自己，你需要《*Crunch Time*》！」

——**克里斯・艾德蒙**（S. Chris Edmonds，亞馬遜網站暢銷書《*The Culture Engine*》作者）

「決定我們在壓力之下表現的，並不只是能力水準，而是心態。《*Crunch Time*》教我如何指導團隊換個角度重新思考處境，把處境視為新的轉機，如此一來，他們就具備成功的條件！瑞克對優秀運動員的指導有很多值得學習之處，絕對適用於商業世界！」

——**夏琳・普烏妮絲**（Charlene Prounis，Flashpoint Medica 執行長）

「我們常常聽說運動表現適用於商業決策，現在，向來不將思考侷限於棒球場的瑞克・彼得森，共同寫出了一本非讀不可的書籍，可以幫助你在商場、運動場、人生競技場上大獲成功。」

——**喬・費羅雷托**（Joe Favorito，哥倫比亞大學運動娛樂行銷高階經理人以及教授）

「一再挑戰傳統、探索新想法的瑞克・彼得森，不只在棒球場有影響力，他還能挖掘出最優秀的你。」

——**湯姆・維爾杜齊**（Tom Verducci，與人合著暢銷書《我在洋基的日子》（*The Yankee Years*），也是榮獲艾美獎的大聯盟棒球球評）

「透過商場、運動場、人生等等高壓處境下的精采故事，瑞克．彼得森和賈德．霍克斯卓給你一套必要的心理工具，幫助你度過緊張高壓、人人睜大眼睛巴望著你的時刻。領導能力的關鍵之一是學習，而透過學習來培養投入、熱忱的群體文化極為重要。」

——**蓋瑞．李奇**（Garry Ridge，WD-40公司董事長兼執行長）

「這是我會一直帶在身邊的書籍之一，在我需要鼓勵和指導的時候拿出來翻閱，就算一再反覆閱讀也不奇怪。」

——**瑪莎．勞倫斯**（Martha Lawrence，《信任》〔*Trust Works*〕共同作者）

「《*Crunch Time*》一上市就成為經典。瑞克在棒球場累積出獨有智慧，再由賈德將那些智慧連結到各行業、運動、人生處境，創造出一份權威處方，適用於關鍵時刻的表現。這本書已經改善了我的職業心態以及我的高爾夫比賽！」

——**道格拉斯．馬登堡**（Douglas Madenberg，Retail Feedback Group社長，與人合著《*Feedback Rules!*》）

「《*Crunch Time*》不僅提供具體可行、改變個人行為的建議，而且極具娛樂性。精采的故事，精采的建議……精采的讀物。」

——**馬克．聖索布拉諾**（Mark Censoprano，Aspen Dental Management行銷長）

推薦序

轉念可以激發潛能

《魔球》（*Moneyball*）一書記錄得很詳盡，當時（一九九〇年代末到二〇〇〇年代初的運動家隊）我們竭盡全力在重新思考棒球各個面向：棒球是怎麼經營的、棒球是怎麼打的、誰最適合打棒球以及為什麼。

那時候，各球隊之間的貧富差距日益擴大。在某些人看來（尤其是傳統派），球隊總薪資倒數第二或許是個凶兆，難以網羅人才的凶兆、難以贏球的凶兆、難以保住我們飯碗的凶兆，但是在我們看來卻是一種解脫，我們因而得以打破陳規，比豪門球隊更敢於冒險，也因而有機會去探索這項運動各個未開拓的處女地。

我知道網羅瑞克·彼得森（Rick Peterson）擔任投手教練可以給我們帶來驚人成長與

優勢。瑞克並不是典型的棒球人，他擁有高學歷，在大學主修心理學和藝術，有很強的求知欲望，我們也是，他跟我們英雄所見極同。

瑞克總是在學習，願意探索各種可能的方法來讓投手不只更好，也更健康。在我們共事期間，瑞克把目光望向沒有其他教練注意的領域——跟詹姆斯・安德魯醫師（Dr. James Andrews）共同進行生物力學分析，亦即跟投球數、運動心理學、覺知（**mindfulness**）有關的統計機率——以便找出增進投手表現的方法。

最令我印象深刻的是，瑞克對新觀念、對挑戰傳統想法抱持開放的態度，這就是所謂的**轉念**（**reframing**）：用另一種眼光來看世界，以激發出自己和他人最好的一面。

關於如何激發出投手最佳表現（尤其是在極大壓力之下），瑞克也採用「轉念法」，他證明了，關鍵時刻的表現並不是「有就有，沒有就沒有」這種純屬天分的事，而是可以學習的。

他成功激發出我們投手新秀的最佳表現——也就是運動家三巨投：貝瑞．齊托（Barry Zito）、提姆．哈德森（Tim Hudson）、馬克．穆爾德（Mark Mulder）。更重要的或許是，在他的協助之下，查德．布雷佛德（Chad Bradford）、柯瑞．李多（Cory Lidle）等等身體先天條件較差的投手也能發揮最大潛能，為球隊帶來最大貢獻。

棒球是勝負就在毫釐之間的比賽，能否讓所有球員（上自先發球員下至替補球員）在壓力之下也能始終如一發揮潛能，往往就是勝負的關鍵。

在我的職業生涯（包括擔任球員和經營高層），我清楚看到有些球員在壓力之下崩潰，有些在壓力之下反倒更勇猛。本書作者瑞克和賈德（Judd）透過圈內人視角觀察到許多有趣故事，並且分享了對壓力免疫的人有何不同思考，以及為何能在最緊要關頭拿出最好的表現。

對我們球隊來說，瑞克是造就新轉機的人，《*Crunch Time*》一書的智慧也會給你和你的團隊帶來新轉機，請好好享用！

——**比利．比恩（Billy Beane，奧克蘭運動家隊棒球營運執行副總）**

推薦序

把無法操之在己的事物放下，就是爭取自己的自由

——臨床心理師　洪仲清

「能壓垮人的從來不是外在事物，而是內心感受。」

～《沉思錄》馬古斯．奧列利烏斯

《決勝從轉念開始》這本書結合了運動心理學，以及商管的理論與實務。從運動員與業務銷售如何面對危機，對應到日常我們都要面對的壓力，把焦點從外在拉回到內心，讓危機成為可能的轉機。

「不管你認為自己做得到，還是認為自己做不到，你都是對的。」

～福特汽車創辦人福特（Henry Ford）

我們內在如何回應外在事件，是讓我們感覺有活力還是無力的關鍵。而作者把書裡面

提供的幾種因應壓力的方式，以「轉念」（reframing）一詞來統稱。

英文「reframing」就字面直翻，可以翻成「重新框架」。在心理學中，至少有兩種含意或使用的方式，大致上跟改變視角有關。

第一，是正向框架，特別適用在關係與溝通。

譬如說，有位爸爸向高中的女兒多次重申，最晚要十一點回家的家規，這讓女兒憤怒，親子關係也降到冰點。當我們要尋求關係與溝通的其他可能性時，我們要回到大家都認同的善意基礎。

女兒是覺得爸爸想掌控她的生活與交友，當我們試著正向框架之後，女兒也能認同，爸爸是希望維護女兒的人身安全。爸爸眼中女兒的叛逆，在正向框架之後，爸爸也能認同，女兒對於友誼的重視，然後也不想要爸爸操心的體貼。

由目前的僵局，往前找到善意的基礎，靜心觀照，活路便在不遠處。經過父女雙方妥協，如果事先知道會超過晚上十一點，要先傳訊息讓媽媽知道，且告知在什麼地點。但最晚不能超過十二點，法律規定未成年不能深夜在外遊蕩。週末的白天，則讓女兒有多一點時間跟朋友聚會。

第二，是擴大架構，這可以用在解決各類問題。

譬如說，如果只把手機當成通訊產品，那麼手機的通話品質、成本定價、耐用程度，就會是首要考量。然而，如果把手機想成是，「如何帶給人們最大的愉悅經驗？」那麼加進娛樂元素的智能手機，就成了可能的方向。

當思考架構一改變，手機產業消長立見。原本稱霸全球的兩家跨國企業倒了，軟體見長的公司便有了更大的發揮。

《決勝從轉念開始》這本書，使用了專注可掌控的過程、化整為零、正念、自我比較、列出具體解決辦法……等轉念的方式，進行內在的心智訓練。關於自我比較的概念，我特別受益。

「『比較』（comparison）是個會偷走快樂的賊。」

～狄奧多・羅斯福

作者提出量化自己的表現，抓出平均，給自己合理的期待。一般來說，大部分人會拿自己或他人的最佳表現，作為自己的目標。

然而，這讓自己挫折，特別在壓力下要有超乎平常的表現，機率很低。只要超越自己的平均，即可視為成功，這是進入了成功認同，逐步建立自信，也讓自己的幹勁能夠長久持續。

轉念目前依然是入門門檻低，快速且有效的調適方法。尤其是這本書寫得簡單清楚，立即可執行，讓我能輕鬆學習。跟各位朋友分享！

推薦序

夠好，就很好：轉換觀點，讓自己好過點

——心理學作家 海苔熊

如果你喜歡棒球，那麼這本書絕對能夠對你胃口；但如果你對棒球一竅不通，仍然可以從這本書當中，獲得意外的收穫（尤其是完美主義者）！

老實說一開始看到書名的時候，會覺得「媽呀，這不會又是一本叫人家正向思考的書吧？」但讀了幾頁之後就沒有辦法停下來，作者運用了很多的例子和心理學研究，提供可能的思考方向，讓我們不被原始「洞穴人」的大腦控制（戰或逃），並且好好地運用「理性的大腦」來渡過危急的時刻與挑戰。換句話說，這其實就是一本「前額葉」（Prefrontal lobe）情緒使用手冊，作者不是要你壓抑情緒或是對自己焦慮視而不見，而是透過合理的設定目標、重新詮釋（reframing or reappraising）自己的情緒，減緩焦慮對自己的影響，讓你能有「如常」的表現。

「重新詮釋」起來很抽象，既不是一味正向思考、也不是停留在焦慮和緊張當中，那到底是什麼感覺呢？下面舉三個經典的例子說明：

緊張時，用「興奮」代替「冷靜」：Alison Wood Brooks 曾邀請實驗參與者準備一場演說，由於有錄影所以大家壓力都很大，其中一部分的人跟自己說「試著興奮一點」（Get excited），另外一部分的人則跟自己說「試著冷靜下來」（calm down），結果發現，興奮組的人表現較好，類似的效果也發生在數學考試、唱卡拉OK上面[1]。

大賽前，用「平常」帶提「非凡」：要緩解焦慮，除了改變思考，也可以改變「訂定目標的方式」。例如書中提到，許多運動員經常會要求自己表現「超乎平常水準」，但這樣的方式會給自己增加更多壓力、結果反而失常。根據耶多法則（Yerkes-Dodson Law）[2]，壓力適中的時候表現最好，所以作者 Peterson 與 Hoekstra 認為，與其要自己表現比平常更好，不如這樣跟自己說：「表現得和平常一樣吧！」

任務大，用「多次切割」取代「一次搞定」：Peterson 與 Hoekstra 舉了一個很棒的例子，如果你週末要交八千字報告，可以試著一天寫一千字。不過我要補充一點，光是切割或是「宣示」是不夠的（例如在臉書跟大家發誓我這周一定會完成報告），還要有具體的操作方式，比方說每天幾點、在哪裡寫這一千字，打算怎麼做的更多細節等等[3]。

當然，不會有什麼方法是對每一個人都有用的。但如果你經常逼死自己，表現又不如預期，那麼這本書將提供你一些不一樣的觀點，讓你學會在壓力底下對自己好一點。

最後我想說：當你要求自己做到「最好」，一次的崩潰就可能把你擊倒；但如果你願意接受「夠好」，反而有機會能出人意表！

參考文獻

[1] Brooks, A. W. (2014). Get excited: Reappraising pre-performance anxiety as excitement. Journal of Experimental Psychology: General, 143(3), 1144.

[2] Yerkes, R. M., & Dodson, J. D. (1908). The relation of strength of stimulus to rapidity of habit-formation. Journal of Comparative Neurology, 18(5), 459-482.

[3] Gollwitzer, P. M., Sheeran, P., Michalski, V., & Seifert, A. E. (2009). When intentions go public: Does social reality widen the intention-behavior gap? Psychological Science, 20(5), 612-618.

CRUNCH TIME

前言

瑞克（Rick）和伊仔（Izzy）

棒球有九成是取決於心理素質，剩下才是身體素質。

——尤吉．貝拉（Yogi Berra，美國職棒大聯盟名人堂球員）

二〇〇一年十月十一日，奧克蘭運動家隊出戰紐約洋基隊，這是美國聯盟（簡稱「美聯」）季後賽首輪第二戰，洋基球場有將近五萬七千位喧囂震天的球迷，電視機前面還有一千一百萬個觀眾。

運動家隊先發投手提姆．哈德森（Tim Hudson）表現非常出色，維持運動家二比零的領先優勢，不過比賽來到九局下半，運動家面對越來越傷腦筋的處境，哈德森已經退場休息，站在投手丘上試圖結束比賽的，是運動家的終結者傑森．伊斯林豪森（Jason Isringhausen），人稱「伊仔」（Izzy）。

在上個球季，伊仔首度以終結者身份打完一整個球季，入選美國聯盟明星隊，清楚證明他具備體能天分。但是上個球季也不是一路平順，二〇〇〇年八月同樣面對洋基隊時，伊仔在第九局接連被伯尼・威廉斯（Bernie Williams）和大衛・賈斯提斯（David Justice）擊出全壘打，輸掉比賽。

二〇〇一年球季，伊仔陷入苦苦掙扎，信心大幅滑落，到八月初已經有九次救援失敗，還短暫被拿掉終結者角色，以便讓他喘口氣再重新回到軌道。你可以想像，恐懼、憂慮、懷疑大舉入侵伊仔的內心。

九局下半一開始，伊仔就被 Williams 擊出二壘安打，接著以五球保送蒂諾・馬丁尼茲（Tino Martinez），形成一、二壘有人、無人出局的局面。伊仔看到荷黑・波沙達（Jorge Posada）信心滿滿大跨步走向打擊區，然後再把目光轉向打擊準備區，看到 Justice，這兩個人顯然很興奮自己有機會從伊仔手中為洋基隊拿下逆轉勝。

這是危機無誤。

CRUNCH TIME

雖然有一百九十公分、九十五公斤的壯碩體格，這時的伊仔卻一點也不令人生畏。他焦慮地踢踢投手板，右手不斷轉動握在手裡的球，尋找最佳握球點，他的臉部扭曲，快速又大聲嚼著口香糖，似乎很躊躇，對自己沒有把握。

這時運動家休息區喊了一聲「暫停！」，投手教練瑞克．彼得森（Rick Peterson）走了出來，他的出現引來對手觀眾一陣奚落。採取科學方法指導而有「教授」稱號的彼得森，迅速小跑步到投手丘，一副有重要事情要交代的模樣，他臉上掛著微笑，把手放在伊仔的肩頭，開始說起話來，彷彿整個球場只有他們兩人。伊仔笑了笑、點點頭，他挺直身子，看起來多了點信心，也放鬆許多。彼得森很快就返回休息區，兩人的對話持續不到一分鐘。

伊仔重新把注意力轉到打擊區，彎下腰，手臂垂在身體側邊，專注看著捕手的暗號。伊仔有自信地點點頭，換了個人似的開始投球，很快的，他先是三振 Posada、引誘 Justice 打出三壘方向的小飛球被接殺、接著讓季後賽英雄史考特．布羅謝斯（Scott Brosius）打出沒有威脅性的一壘方向小飛球，結束了比賽，危機解除，伊仔順利挺過緊張時刻，運動家獲勝。

結果雖然已經揭曉，但是伊仔是如何迅速冷靜下來度過危機，仍然是個謎。瑞克到底跟伊仔說了什麼？是不是糾正了他某個投球動作瑕疵？不是。

請繼續讀下去，本篇前言的最後會告訴你到底發生了什麼事。

壓力下的展現

在今日過度競爭的世界，每個人都有龐大壓力必須面對。在商業世界，這些壓力以各種不同的形式出現，包括（但不僅限於）：迫在眉睫的完成期限、有難度的目標、銷售簡報以及攸關數百萬美元的談判、一群挑剔群眾的提問、老闆嚴厲的意見、求職面試、越來越強調「以少做多」的觀念。在學校，這些壓力則是出現於繁重的課業、考試、必須融入群體的社交要求，不管是舞蹈比賽、鋼琴獨奏會還是棒球比賽，就連休閒娛樂也充滿壓力。

舉個例子，我眼前就面臨以下的壓力：

- 為這本書爬梳整理相關的訪談、做研究、寫作、在交稿期限之前完成。
- 在一個禮拜的工時之中挪出六十小時以上的時間，用於服務我們的客戶以及我所領導的人，為他們帶來正面效益。

- 做個疼愛妻子的丈夫。
- 做為我兩個青春期孩子的榜樣。
- 積極控制我的第一型糖尿病，保持健康。

面對無數高壓挑戰是我們的日常，我們跟伊仔一樣，都想在最關鍵時刻拿出最好表現，但是壓力升高時卻往往事與願違，事後回想都會發現自己的表現遠遠不如該有的水準。

接下來我會探討這個可怕真相背後的原因，不過眼前你只需了解，大多數時候都是我們阻礙了自己，是我們破壞了自己的表現。不管是哪一種行業、階層，在壓力之下表現欠佳都是每個人揮之不去的難題，現在難題有解了，我和瑞克可以幫你。

請把瑞克當成你的私人教練，他會教你「轉念思考」（reframe），這是一種認知技巧，可以快速、有效地讓你的腦袋和身體在壓力之下也能表現良好，不管是什麼時候、什麼地點。

在這本書，我的角色有二：一，用好玩有趣的方式分享瑞克等人的智慧，同時也讓你一窺在壓力之下表現優異者的幕後世界；二，告訴你我如何把瑞克等人的教導應用於我的職業生活和個人生活。你會發現，轉念思考不只適用於職業運動員、教練、企業執行長，每個人都適用。

在緊要關頭脫穎而出的關鍵是什麼？

根據我和瑞克的經驗以及各行菁英的訪談，心態才是在壓力之下脫穎而出的關鍵，而不是身體素質。擅長處理危機的人都知道如何讓有助於表現的念頭主導，而避免讓有害表現的念頭所主導。從改變想法開始，就能改變行為，然後改變結果。

想法和情緒→行為→結果

當你躋身最高水準之林，裡面每個人都是天賦異稟，該有的身體條件都有，真正能讓你脫穎而出、讓你的天分得以發揮的關鍵是：心理層面。

——**貝瑞・齊托（Barry Zito，二〇〇二年賽揚獎得主，當時隸屬於奧克蘭運動家隊）**

瑞克到底是怎麼幫助伊仔化解危機

回到九局下半的瑞克和伊仔，瑞克站在投手丘上，手搭在伊仔的肩上，瑞克可以感覺伊仔的身體在發抖。

焦慮的伊仔含糊不清地說：「我的雙腳麻了。」

瑞克微笑回應：「沒關係，我們又不需要你用腳射門得分。」

這句玩笑話開啟了閥門，釋放出伊仔的壓力，同時也將伊仔的心門打開，可以接受瑞克接下來提供的新想法。

瑞克繼續告訴伊仔，在這樣的情況下緊張是正常的，但是緊張不必然會妨礙手上正在做的工作。瑞克導引伊仔把注意力放在單一任務上，也就是他早已做過幾千次的任務。

「把球丟進（捕手的）手套就對了！不要忘了，這是你最拿手的！」

緊張和任務是可以好好共存的，不會減損表現。擺脫了恐懼、擔憂、疑慮以及種種分心事物之後，伊仔重複對自己說：「丟進手套裡！」從他的舉止神態馬上大不同以及頂尖表現看起來，伊仔顯然把教練的忠告聽進去了。

瑞克協助伊仔轉念思考，成功化解危機。

作者序　在攸關勝敗時刻，表現出自己最好的一面

人生的恩典是能夠表現出自己最好的一面，而且每天都能行使這項恩典。

——瑞克・彼得森（Rick Peterson）

二〇一三年春天，我接到一通電話，對方有意跟領導大師肯・布蘭查德博士（Dr. Ken Blanchard）合寫一本書。我跟布蘭查德博士共事了將近十五年，這類請求不勝枚舉，可是這次不一樣，我不禁站直了身子豎起耳朵。

來電者是瑞克・彼得森（Rick Peterson），地表上最知名的投手教練。在奧克蘭運動家隊著名的「魔球」時代，執掌投手教練兵符的人就是他，此外他也帶領過紐約大都會的投手群，手下球星雲集，有賽揚獎得者主，也有名人堂球員。對於曾經是大學棒球選手、

終身是棒球迷的我來說，能跟瑞克講話令我興奮不已，若是說到投手教練，他絕對是第一把交椅。

瑞克提到他對布蘭查德心有戚戚焉——布蘭查德是暢銷書《一分鐘經理》（*The One Minute Manager*）的共同作者——他指出，投手教練正是最典型的「一分鐘經理」，他負責設定明確目標、讚揚進步、脫軌時把方向導引回來，不過他也指出一大差異之處。

投手教練並不是在一般的辦公室環境運作，也是唯一在比賽現場指導的職業運動教練，他必須在數百萬球迷面前、在攸關勝敗時刻、在不到三十秒鐘之內讓投手冷靜下來，而且，他的指導有沒有效，只要幾分鐘的時間，就可在全場觀眾眼前展現出來。

布蘭查德告知他很樂意與瑞克合作，但接下來幾年的出書計畫已令他分身乏術，他知道我在領導、教練、運動方面的專業和熱情之後，推薦我跟瑞克合作。於是我向瑞克提出這個想法，他立刻張開雙臂歡迎，就這樣開始了我們漫長的寫書旅程。

跟瑞克合作，除了很興奮能分享他獨特的觀點和專業之外，還出於一個自私、私密的原因：在以前我擔任業餘運動員以及現在在商場上都小有成就，但緊要關頭的窒息感其實一直是我的惡夢。不是只有我如此，在壓力很大之下無法有最佳表現是個很普遍的問題，這種情況處處可見，不管在工作上還是在日常生活中。

現在救兵來了。閱讀《*Crunch Time*》等於是把瑞克當成你的私人教練，此外，書中還收錄了許多訪談內容，是我採訪許多菁英領袖、教練、表演者所收集的祕訣，告訴你如何在壓力之下也能有好表現。如果你是棒球迷，那你一定知道以「魔球」享譽盛名的運動家隊總經理比利．比恩（Billy Beane）、名人堂球員湯姆．葛拉文（Tom Glavine）、賽揚獎得主貝瑞．齊托（Barry Zito）、鼓舞人心的奧運英雄吉姆．亞伯特（Jim Abbott）。此外我也汲取了棒球以外許多菁英人士的智慧，包括執行長、高階經理人教練（executive coach）、領導大師肯．布蘭查德、金獎導演史蒂芬．索德伯（Stephen Soderbergh）。我和瑞克很幸運可以稱呼這些人為朋友。

《*Crunch Time*》分享了瑞克棒球生涯很多有趣的幕後故事，即使你不是棒球迷，也一定會覺得這本書很有趣、有價值，書中分享的經驗談超越了棒球範疇，非常適用於日常面臨的種種高壓環境。

此外，書中收錄的菁英領袖、教練、表現優異者的經驗分享，並不只是為菁英而寫，而是對每個人都受用。我在書中分享了我如何運用所學到的「轉念」方法，以及取得的成果。

舉個例子，二〇一五年是我第一個有意識進行「轉念」的完整年度，把威脅轉念為機會，結果我負責的年度營業額成長了兩成五！我和團隊所服務的客戶也大豐收，我因而獲得拔擢，升任副總，這個新角色有更多責任、更大壓力，也有更多機會可以拓展我的影響力。

在開始進入內文之前有個小小的建議：請按照順序把前言、第一章、第二章讀完。這些是本書的基礎，第三章到第八章的閱讀順序則可以隨你喜好決定。

——賈德・霍克斯卓（Judd Hoekstra）

CHAPTER 1

轉念：化危機為轉機的最短路徑

如果機會不上門，那就自己去找。

——米爾頓·伯利（Milton Berle，美國喜劇演員）

究其本質，轉念（reframing）是一種技能，是有意識且刻意地換個角度思考某個處境，如此就會改變我們原本賦予該處境的意義，我們的行為也會隨之改變，結果自然大不相同。在上述定義中，關鍵字是「技能」，換句話說，轉念跟天分無關，只要經過練習，任何人都學得會。

凱特·拉爾森（Kate Larsen）是布蘭查德公司（Blanchard）負責訓練高階經理人的教練，她曾用以下的比喻來解釋何謂「轉念」[1]。你坐上自己的車，啟動引擎，廣播開啟，你預設的某個電台正在播放一首歌，這首歌就好像你腦袋裡的聲音（又稱「自我對話」〔self-talk〕），往往充滿情緒，而預設的電台就等於你長久以來的信念或想法。

音量很小，你可能沒有注意在播什麼，只當成開車想其他事情時的背景音樂，接著你決定把音量轉大，這會兒你意識到在播什麼歌了，假設並不是你喜歡的歌，那麼，意識到「你不喜歡這首歌」，就等於有意識地注意到你自己負面的自我對話。

這時你有兩個選擇，一是繼續聽這首歌，任由它影響你的思緒和情緒；另一是換個電台看看還有什麼歌可聽。換個電台找一首比較好聽的歌，就等於是換個比較好的想法，導引出比較好的行動、比較好的結果。

把這個比喻進一步引申來看，我們一直受限於選擇，受限於我們可聽到的電台數量，有的時候，不論多麼努力就是找不到自己喜歡的歌。如今我們已跳脫那個世界，現在我們可以自訂歌單，填上自己在各種不同場合最喜愛的歌曲。本書第三章到第八章也提供了一份「轉念歌單」，供你在緊要關頭使用，以利於發揮自己最大潛能。

特別要提的是，轉念並不是要你假裝一切都很完美、正面，而是換個方法來解讀一個不是很理想的處境，轉念後的新想法會產生新的意義，進一步導引出比較好的行為和結果，同時，你也會更有自信去處理那個處境。

「轉念」在很多情況都很有用，尤其是壓力、焦慮、緊張大到令你不舒服的時候，以下是幾個例子。

1

一九八〇年代末期，有一種名為根瘤蚜的寄生蟲肆虐加州納帕山谷（Napa Valley），當地的葡萄酒莊眼看就要被摧毀殆盡，而重新栽種葡萄的成本預計一英畝要兩萬五千到七萬五千美元，這還不包括等待新果樹結果這五年的機會成本。

雖然耗費的金錢和時間成本不貲，還是有不少種植者選擇重新栽種，卡布瑞酒莊（Cakebread Cellars）的傑克・卡布瑞（Jack Cakebread）就是其中之一，他回想說道：「根瘤蚜是納帕有史以來最好的機會，是『天賜良機』[2]！你人生有多少次機會可以重新再來，然後說『如果重來我要這樣那樣做』？現在的我們有新的技術，有葡萄樹根莖可栽種，現在看到的品種也有無性繁殖，我們知道每株葡萄樹的距離多大比較好，也有以前沒有的土壤分析，根本就是夢幻種植！」

卡布瑞酒莊每年生產七萬五千箱葡萄酒，現在已經是納帕地區最受推崇、最成功的酒莊。別人眼中的絕境，在傑克・卡布瑞看來卻是希望，他看到重新開始的契機。

2

韓戰期間，中國共產黨掌控鴨綠江，在中國軍隊步步進逼之下，美國海軍陸戰隊節節敗退到海岸，中國共產黨有十個師的軍隊團團圍住普勒上校（Lewis Burwell Puller）領軍的陸戰隊第一團，寧死不屈的普勒用很獨特的角度看待這個險峻處境，他說：「這群可憐的混蛋，自己送上門來，這下我們不管從哪個方向開火都行！」

3

雷根總統在一九八四年競選連任時，是史上年紀最大的總統，高齡七十三，外界對他能否承受吃重的總統職務有很多疑慮。十月七日跟競選對手——民主黨候選人孟岱爾（Walter Mondale）——首場辯論中，雷根表現不佳，犯下許多錯誤，他坦承自己「搞不清楚」。

兩週後的第二場辯論，孟岱爾暗指雷根的高齡是選民必須嚴肅看待的問題，雷根則以幽默回應化解，他開玩笑說：「我不會拿年紀做這場選戰的議題，我不會為了政治目的而拿對手的年輕、沒經驗大作文章。」此話一出，孟岱爾自己也笑了出來。用幽默的「轉念」，雷根化解了年齡問題，一路勢如破竹連任成功，也終結了孟岱爾的競選之路。

上述各例子的主角若有招架不住、受到威脅的感覺也是人之常情，但是他們看到了機會。

轉念可以用於各種不同情境，不過本書只鎖定在面臨壓力的情況。說到壓力，有個重點必須指出：你的期待必須符合現實。期待在壓力之下的表現優於平時，是不切實際的，因此，**面臨壓力時的目標應該是：拿出平常沒有壓力時的表現水準。**

轉念為何無價的七大原因

1 如同前面所述，轉念是一項**可以透過「練習」學會的技能。**

2 在今日世界，時間可說是我們最珍貴的資源，沒錯，「一萬小時法則」的確適用於很多技能，也就是說，練習一萬小時就能精通一項新技能，但是誰有一萬小時的空閒時間呢？我們不斷在尋求快速的解決方法，也就是不只有效而且快速的妙招，而**轉念正是快速產生一個新想法**，速度快到以秒計算。

3 除了快速，轉念還**很有效**。轉念會把你的注意力導向眼前的機會，而不是導向失敗，如此你就可以善用自己的力量。

4 不同於灌籃或成為超模，轉念並不是中「基因樂透」者的專利，轉念也沒有經濟能力的限制，不管是極為有錢、極為貧窮，或是介於兩者之間，**人人都能使用轉念**。

5 此外，轉念不必在辦公室裡、不需要用筆電或智慧手機，也不必在練習場，開車、走路、除草的時候都可以轉念，因為這項技能已經進駐我們的腦袋，**隨時隨地都能派上用場**。

6 轉念**適用於任何種類的高壓情況**。不管是工作上需要解決問題、做簡報、達到業績目標，還是學業上面臨考試，甚至是私生活中必須在教會唱詩班表演獨唱、或是打一場重要球賽，皆可使用轉念。

7 轉念除了是一種對自己有幫助的技能，**也可以用於指導他人、正面影響他人**。一九六三年，馬丁路德金恩在「進軍華府」集會發表著名的「我有一個夢」演說時，他也對民權運動做了「轉念」：從一場一大群人的鬥爭變成一個眾人擁抱的激勵人心夢想。

到這裡已經分享了一些例子，你也對轉念有了更多的了解，接下來，我們就換個角度來看看壓力對身心的影響。

壓力對身心有何影響？

面對壓力時，我們的思考角度有兩個：一是把壓力視為威脅，一是視為機會。到底是威脅還是機會，完全取決於你如何回答以下的問題：「我有處理這個情況的能力嗎？」

如果答案是「沒有」，你就會視之為威脅，這種威脅思維會傷害你的表現。為什麼？因為在威脅思維之下，你的腦袋會充滿以下想法和感受：

- 你對這個情況沒有什麼掌控能力。
- 你的內心充滿焦慮、恐懼、擔憂、懷疑。
- 你一心只想著避開失敗和悲慘後果。

接著，這些想法和情緒會觸發我們很熟悉的反應：緊張、掌心冒汗、口乾舌燥、肌肉緊繃等，還會導致心跳加快，有礙表現的化學物質也會增生，譬如皮質醇（cortisol，又稱

「壓力荷爾蒙」）。外在威脅會引發皮質醇大量分泌，造成血管收縮，輸往肌肉和大腦的氧氣和葡萄糖就會減少，你的決策能力便隨之降低，難以拿出平常沒有壓力之下的表現水準。

簡單地說，在九局下半瑞克走到投手丘之前，伊仔就是感覺受到威脅。

相反地，如果「我有處理這個情況的能力嗎？」的答案是「有」，那你就是把這個情況當成機會。在機會思維之下，你的腦袋通常會充滿以下想法和感受：

- 情況在你控制之中。
- 你有信心。
- 你的思緒會專注於成功，你認為成功在握。

接著，這些想法和情緒會觸發有利於表現的身體反應。跟威脅思維一樣，機會思維也會造成心跳加快。不同的是，威脅思維釋放的是阻礙表現的皮質醇，而機會思維釋放的是多巴胺（dopamine），一種會使人愉悅的神經傳導物質。

多巴胺會使血管擴張，輸往肌肉和大腦的氧氣和葡萄糖就會增加，有助於提升你的決策能力，有利於你拿出平常的表現水準。

學會在壓力環境也能有機會思維，是你能否拿出最佳表現的關鍵。九局下半瑞克走了一趟投手丘之後，伊仔就看到了機會。

重點是，你腦袋裡的信念能載舟也能覆舟，這些信念會激發體內釋放化學物質，可以傷害你，也可以幫助你。

身體與大腦的關聯

以下是著名的例子，證明身體與大腦密切相關。

任務一：想像有人要求你在一座橋上走四十六公尺，這座橋的寬度如同人行道，沒有護欄，距離地面三〇點四八公分，即一英尺，你的腦袋會出現什麼念頭？你的身體會有什麼感覺？你成功做到的機率有多少？如果失敗會有什麼後果？這個任務對你的重要性如何？

任務二：現在想像有人要求你在一座橋上走四十六公尺，橋的寬度如同人行道，沒有護欄，不過這次的橋距離地面有三百零五公尺，下面是一整個運動場滿滿的觀眾，你的腦袋會出現什麼念頭？你的身體會有什麼感覺？你成功的機率有多少？如果失敗會有什麼後果？這個任務對你的重要性如何？

這兩個任務在體能上的要求並無二致，都是在一座寬如人行道、沒有護欄的橋上行走四十六公尺，不過，你體內的反應可能南轅北轍，腦袋閃現的念頭以及身體的感受也大不相同，因為兩者的失敗後果截然不同。任務一沒有什麼壓力，你很可能對成功信心滿滿，而任務二如果失敗的話會有可怕的後果，威脅思維於是產生，信心減弱，思緒不再專注於行走在人行道這件事，而是一直想著會不會從三百零五公尺高空摔落。

從以上簡單的例子可以得知，我們之所以會感覺受到威脅，不是因為身體上必須做到什麼要求，而是因為我們心理上「以為」必須做到什麼要求。

壓力往往來自內心，不是外在，因此，因應之道也來自內心，也就是學會調整自己的想法——轉念。

BASEBALL

精采好球

- 根據我們與表現優異者的往來和訪談，表現優秀與否的關鍵不在體能，而在心態。最擅長在緊要關頭勝出的人，都是知道如何在壓力之下控制自己想法的人，而且是從如何讓自己表現更好的角度去思考。
- 轉念是一種技能，是有意地換個新角度來思考某一處境。如此一來，我們賦予該處境的意義便會轉變，採取的行為以及結果也會隨之改變。
- 在壓力之下時，我們的思考角度有二，一是把壓力視為威脅，一是視為機會。把壓力視為威脅會激發我們體內不好的化學物質，妨礙我們的表現；把壓力視為機會則會激發我們體內好的化學物質，幫助我們的表現。
- 跟伊仔一樣，我們每個人都希望在緊要關頭全身而退。

練投時間

- 找出你現在正面臨或不久即將面臨的高壓環境（譬如某個大企劃案的完成期限迫在眉睫、要在一群要求很高的人面前做重要簡報、要在一場比賽或獨奏會上場、考期末考），利用這個機會一面閱讀這本書一面練習轉念。
- 把你目前面對高壓環境的想法和感受寫下來。
- 你把它視為威脅還是機會？如果是威脅，請想出兩個可以把它視為機會的可能。
- 如果你現在已經把它視為機會，那就寫下來。

也許你已經認同轉念的價值，不過，也有可能你還在納悶：為什麼「轉念」在壓力之下如此重要，沒關係，我們繼續看下去。

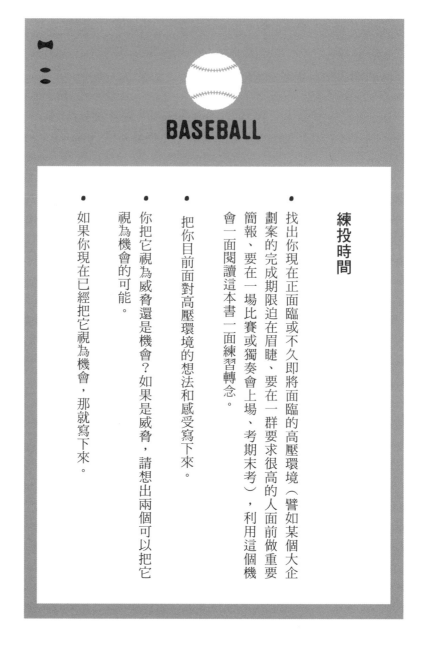

CHAPTER 2

為什麼轉念在緊要關頭是必要的

有一件事是我們知道的，恐慌從來沒有解決過什麼，歷史上從未有過。[1]

——史蒂芬·索德柏（Steven Soderbergh，知名導演，作品曾獲坎城影展金棕櫚獎、奧斯卡最佳導演獎）

大腦是很厲害強大的器官，處理速度超級快。一組研究團隊用世界上第四快的超級電腦——日本神戶理化學研究所（Riken）的「京電腦」（K computer）——試圖模擬人類大腦一秒鐘的運作。他們打造了一套人造神經網路，以十七億三千萬個神經元組成，由十兆四千億個突觸串連起來，儘管已如此龐大，研究人員仍然無法模擬大腦的即時運作。人腦短短一秒的運算處理，集合八萬兩千九百四十四個處理器之力的京電腦依然得花四十分鐘才做得到[2]。

為了能高速運作，於是大腦走捷徑，大腦會反射性地評估某一情況，然後賦予意義。人類面對威脅會出現戰鬥（fight）、逃跑（flight）、定住不動（freeze）的本能反應，這就是捷徑的一種。試想一下，你被住家附近的鬥牛犬追得滿街狂奔，這時你的大腦會發出「危險」訊號，然後在你體內釋放出大量化學衝動物質，告訴你的身體要戰鬥、逃跑或是定住不動，這一切都發生於瞬間，你的意識思考絲毫沒有介入的空間。

反射性反應（戰鬥、逃跑、定住不動）可以保護我們免於人身威脅，但是用於今日的壓力處境卻很不利，比方說，公開演講雖然會讓人覺得緊張得要死，但並不是一種會對人身安全產生立即危害的威脅。我們的大腦有可能把壓力處境視為威脅，也有可能視為機會，視為威脅的話會傷害表現，然而我們的反射反應總是只會把壓力視為威脅。

大腦在壓力之下如何運作

反射反應為什麼把壓力當成威脅？要知道這點，必須先了解人腦運作的基本原理。我們的目標並不是要把你教成神經科學家，因此，我們會用簡單、實用的詞彙來解釋大腦科學。

只要對大腦有一套簡單易懂的概念，你就能開始善用這套知識。我們的目的是讓你可以把這些知識活用於自己的生活，壓制原始的反射性反應，有意識地另外挑選一個可增強表現的反應。

如果要了解人腦在壓力之下的運作，最好先知道大腦三大主要區域，以及科學家和心理學家如何幫助我們了解壓力處理的機制。[3]

- 洞穴人（Caveman），又稱爬蟲動物腦（reptilian complex）
- 有意識的思考人（Conscious Thinker），又稱新皮質（neocortex）
- 硬碟（Hard Drive），又稱邊緣系統（limbic system）

洞穴人（男女大腦都有洞穴人）住在腦幹和小腦，是大腦的威脅中心。洞穴人的目標很簡單，就是存活，所以不斷在巡邏，尋找危險所在。**面對威脅時，洞穴人的瞬間反應是「戰鬥、逃跑、定住不動」，這是洞穴人最常採用也最本能的反應。**

在史前時代，威脅大多來自大自然，是危及肉身的威脅，因此，洞穴人的「戰鬥、逃跑、定住不動」非常有利於生存。在物競天擇的環境裡，腦袋住著最快速、最強壯洞穴人的人，存活機率最高。

洞穴人的瞬間反應：「戰鬥、逃跑、定住不動」

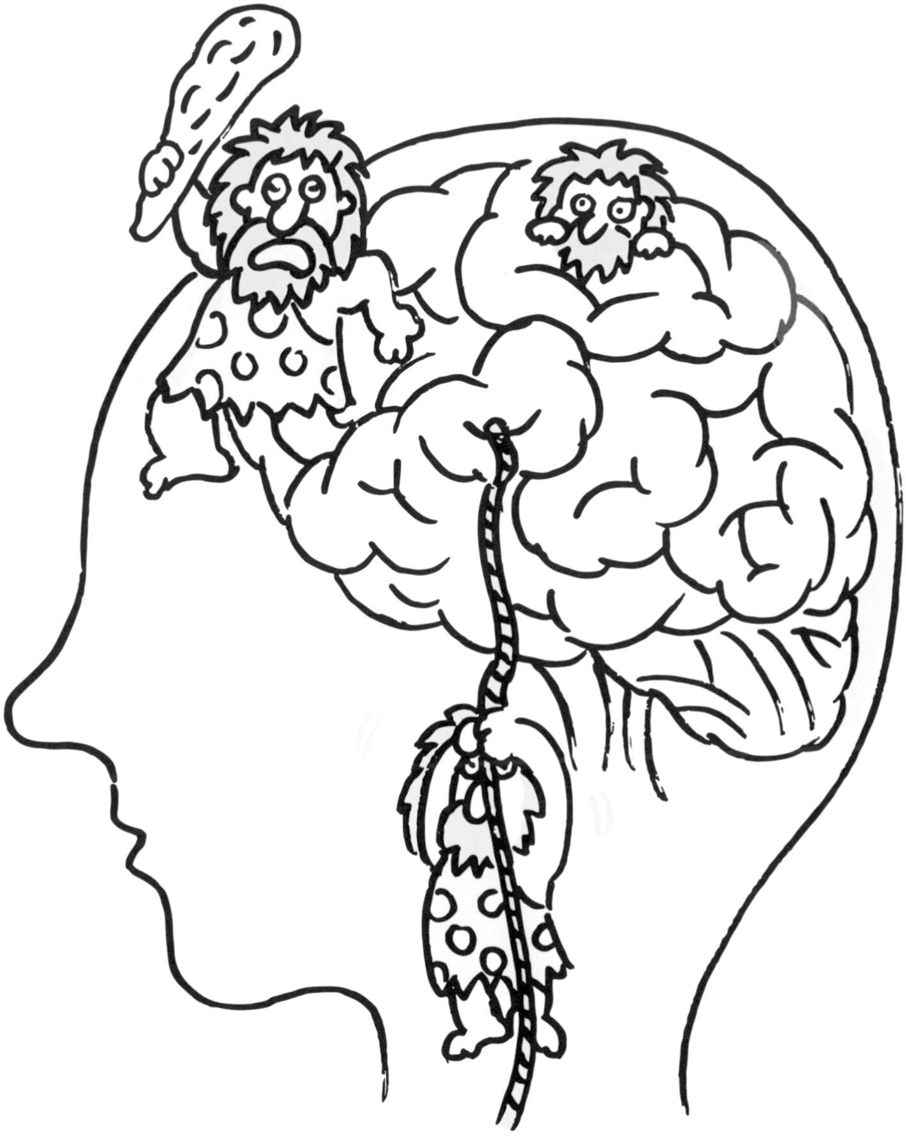

經過幾萬年的演變，人類大腦裡的洞穴人仍然活著，強壯如昔，可是，今日世界已經跟史前世界大不相同，洞穴人已不像過去那麼有用。現今世界的壓力大多跟人身威脅無關，而是心理層面。但是洞穴人無法區別當今的「心理」威脅和史前時代的「人身」威脅，會把「在眾人面前演講」當成「被鬥牛犬追得滿街跑」，用同樣的反應來處理，於是血液會大量流到我們的四肢，以利於逃跑或用力反擊，也就是說血液會大量流出我們的大腦，我們清楚思考的能力就會受限。

因此，洞穴人的「戰鬥、逃跑、定住不動」反射反應不僅無法幫助我們處理心理層面的威脅，反倒有害。史前時代洞穴人的長處，碰到現代的壓力反而成為削弱表現的禍首。

我們更進一步來看看洞穴人碰到現代世界的壓力是如何反應：

- 只想著哪裡會出錯，被恐懼、擔憂、懷疑給吞噬。
- 根據感覺快速形成定見，而不是根據事實，然後再替其定見尋求背書。
- 欠缺各個不同角度的關照，放大某一情況的重要性。
- 看不到其他可能，只想到極端情況：不是生就是死。
- 把悲慘後果的可能性放大。

- 把失敗的後果放大。
- 沒有把握，極度在乎他人的看法。
- 把失敗個人化（personalize）。

遭遇現今世界的壓力時，不管是重要的業務簡報、學業考試、運動競技、還是鋼琴獨奏會，任由洞穴人主導局面並不聰明。丹尼爾・高曼（Daniel Goleman，暢銷書《*EQ*》的作者）創造了杏仁核挾持（amygdala hijack）一詞，意指「人的一種情緒反應，是瞬間排山倒海而來，跟實際外在刺激不成比例，因為更嚴重的情緒性威脅已被激起」。

如何知道自己已被洞穴人挾持？這時會出現情緒性、非理性的反應，通常會產生負面的自我對話：

「我為什麼在做這個？真笨！我不可能辦到的，我的對手比我厲害太多。要是失敗怎麼辦？要是我做錯決定怎麼辦？我處理不來，有沒有方法可以讓我逃離？這是我人生至今最重要的簡報／比賽／表演，這種機會不會再有，我沒有選擇，非贏（成功）不可，如果搞砸就慘了，以後再也不能出現在這裡。這真是惡夢一場，壓力好大，有好多人在看著我，他們會覺得我是白癡，他們會笑我，我的隊友會對我很失望，我會一敗塗地……」。

如果身為教練的我拿以上的話對你說，你會怎麼看我？你一定會覺得我這個教練是個笨蛋，那你又怎麼能做你自己最糟糕的教練呢？

——瑞克．彼得森

如果把你的想法裝上喇叭，把你對自己說的話播放出來，你八成會被送進精神病院。如果有人這樣對你講話，你一定不會跟他往來，那你為什麼要這樣對自己講話呢？

其實講話的人不是你，而是你腦袋裡的洞穴人，這是很重要的一點，一定要分清楚。

雖然你的大腦裡住著洞穴人，但那並不是你。

之所以要你了解這種本能的、原始的壓力反應是來自洞穴人而不是你，目的是希望你不要再因為有這些想法和情緒而鞭斥自己。[5]

那麼，如果洞穴人並不是你，誰才是你？面臨壓力時，你其實要開啟的大腦部位是「有意識的思考人」（Conscious Thinker），他住在你大腦裡的新皮質。洞穴人的目標是生存，意識思考人的目標則是成功。根據這個目標，我們進一步來細看你大腦裡這個求勝信念（也就是「意識思考人」）是如何反應。

- 你把壓力視為挑戰、一個展現能力的機會。
- 你充滿信心。
- 你只專注於自己可掌控的部分。
- 你專注於發揮自己能力、拿出最好表現。
- 你為自己而表現，不是為別人。
- 你的自尊是取決於你的內在價值，而不是取決於你的表現或他人的看法。

- 你先蒐集事實，然後才做出推論。
- 你會看大方向，從適當的角度來審度情勢。
- 你會探索各種可能。
- 你會客觀看待任何結果發生的機率。
- 你知道自己可以處理任何後果。
- 你會從不甚理想的結果當中學習。

如你所料，意識思考人的自我對話有建設性多了：

「我現在之所以在做這個，是因為我喜歡，是因為對我達成目標有幫助。我知道我做得到，因為我透過練習和準備已經學會這些技能。我不奢求完美，只求盡最大努力，拿出練習時的表現水準。我雖然很想贏（成功），但是我也知道影響結果的因素很多，並非完全操之在我。既然已盡最大努力，任何結果我都能接受。我只專注於發揮全力，不會在乎別人怎麼看我，畢竟那不是我所能控制。不論結果如何，我未來仍然有其他機會可展現我的能力。」

有意識思考人，就不會陷入極端，其他選項就會出現。雖然不容易，但是請務必記得：

無論何時何地，想法是可以自己選擇的。

從洞穴人和意識思考人的說明，可以輕易看出，壓力會衍生出一場戰役，一場爭奪腦袋控制權的戰役，可惜的是，在這場爭戰中，洞穴人有幾項不公平的優勢。

首先，洞穴人的速度比較快。根據艾維恩・戈登博士（Dr. Evian Gordon，專精高效能表現的神經科學家），大腦每一秒鐘會無意識地判定五次何者危險，然後避開危險。[6]早在外在訊息送抵意識思考人之前，會先到達洞穴人，這點無從改變。如果出現的是人身威脅而且「戰鬥、逃跑、定住不動」反應有其必要的話，這確實可以救你一命，但是如果危險是心理層面（譬如現今世界的壓力），洞穴人的反應就毫無助益。

據神經領導力學會的科學家大衛・洛克（David Rock）的解釋，威脅反應（threat response，即面對威脅時的反應）「對心智的負荷很大，會扼殺生產力……分析式思考、有創意的洞察力、解決問題的能力都會被削弱」。因此，有必要對威脅反應有個了解，並且避免觸動。[7]

除了速度比較快之外，洞穴人還比較強壯。在我們的大腦裡，用於傳遞「危險」、偵測「威脅」的神經通路（neural pathway），比用於偵測「獎賞」的神經通路多很多[8]，這也就不難理解為何恐懼、擔憂、懷疑如此深植於我們的運作系統之中。

那麼，如何知道自己的思考被洞穴人挾持了？史蒂夫・彼得斯博士（Dr. Steve Peters）是《黑猩猩悖論》（*The Chimp Paradox*）一書作者，也是英國精神科醫師，從事頂尖運動競技的研究，他說，最簡單的方法是問自己：

這種想法或感受是我想要的嗎？

很簡單，如果答案是否定，就代表洞穴人取得掌控。

你大概會想：「乾脆把洞穴人拿掉就好了。」隨著我對大腦的運作逐漸有所了解，我也曾有同樣的想法，不過，動手術拿掉杏仁核雖然可以增強你在壓力之下的表現，但是會留下幾個不樂見的副作用。首先，「戰鬥、逃跑、定住不動」的本能反應會喪失，你就無法從人身威脅安然脫身；其次，少了杏仁核，你就不會有情緒，無法享受生命中快樂的瞬間（包括在壓力之下拿出最好表現的快樂）。

如果不能把洞穴人拿掉，那我們可以做什麼？我們可以學習馴服洞穴人。不過，我們先來看看大腦第三個部分，才能了解大腦在壓力之下是如何思考。

硬碟住在大腦的邊緣系統，負責儲存你的價值觀、記憶、信念，並且根據這些來決定該採取什麼作為。洞穴人是根據**情緒**來將價值觀、記憶、信念存進硬碟，而意識思考人則是根據**邏輯**來將價值觀、記憶、信念存進硬碟。

跟真正的電腦一樣，硬碟並不知道存進去的資料品質如何，只是根據存入的資料來行事。如果是來自洞穴人的資料，套一句俗話就是：「進去是垃圾，出來也是垃圾」，反之亦然，硬碟裡來自意識思考人的價值觀、信念、記憶等如果越多，你在壓力之下做出的決策、行為就越好。

沒錯，大腦的運作是非常複雜的過程，用以上的說法來解釋過於簡化，不過要再次強調，我們不是要把你教成神經科學家，而是給你一個大概的模型，說明大腦在壓力之下的運作方式，好讓你可以理解、應用。

好，現在我知道大腦在壓力之下的運作方式了，然後呢？如果要在緊要關頭也能有好表現，你必須學會馴服你大腦裡的洞穴人，多多把意識思考人的價值觀、信念、記憶下載到你的硬碟裡，而這就得動用到「轉念」技能。

碰到壓力時，你必須無視洞穴人給你的反射性反應，然後選擇意識思考人的念頭。為此，你必須製造空間和時間。

製造空間和時間

以下我用冰上曲棍球來做類比說明——這個類比是出自布萊恩．軒尼斯（Brian Hennessy）的提醒，他是我的客戶，也跟我一樣是曲棍球教練。多年來，我一直在指導小朋友如何把球餅帶到進攻區，滑到無人防守的區域。你帶球的時候，對方防守球員會想盡辦法擠壓你的空間和時間，以此來壓迫你，這時候你很可能就會做出糟糕的決策。相反地，如果你可以繞過防守球員，滑到無人防守的區域，你就有時間好好環視全局，做出好決策。時間和空間可以讓你有餘裕快速思考一下，讓你看到本來不會看到的情況。

在生活中面對壓力、情緒反應被激起時也是如此，這時候，只要能製造出空間和時間，我們就能好好審度情勢，做出比較好的決策，原本看不到的事物也會看得一清二楚，如此一來就有機會讓意識思考人介入。

把「轉念」應用於柯爾的曲棍球選秀

延續曲棍球的主題，接下來我要分享一則親身故事，關於我如何控制我的洞穴人反射性反應，然後把意識思考人帶進來。時間是二〇一五年九月一日晚上，我當時十二歲的兒子柯爾（Cole）第一場曲棍球選秀賽，選拔的球隊是他沒打過的隊伍。他跟二十五個小孩一起打了一整個夏天的球，現在卻要同場競爭十七個名額，最後勢必會有幾個孩子遭到淘汰而心碎。

我們來到第一場選秀賽的溜冰場之後，柯爾拿到一件白色運動衣，背後印上黑色的28號，好讓一旁評比的教練們可以識別。

我和太太雪莉（Sherry）則是到座位區入座，跟其他家長一同觀看這場選秀賽。賽前我已經將自己學到的轉念方法分享給柯爾，希望他能保持冷靜，展現實力。

孩子們被分成兩隊，一隊穿黑色球衣，一隊穿白色球衣，他們做例行的賽前熱身時（包括射門），我和太太很快就注意到，實力最好的球員大多穿黑色球衣，黑隊的孩子很可能已經確定入選，而柯爾被分在白隊，我們兩人對此感到不解。

從爭球開始，黑隊很快就取得優勢，白隊明顯落居下風，實力相當懸殊，如果用「恐懼、擔憂、懷疑慢慢爬進我們心裡」來形容，都還算輕描淡寫。

雪莉把她的憂慮告訴我：「這樣真的很糟糕，好不公平，為什麼教練要把兩隊的實力分得這麼不平均？明天晚上第二場選秀賽乾脆不要讓他參加好了（明天的選秀賽會確定哪些人入選），我無法眼睜睜看著柯爾受傷難過，就讓他回去打去年的球隊好了。」坦白說，我腦袋裡的洞穴人第一個反應也跟雪莉的反應一樣強烈，唯一的差別是我沒把洞穴人的想法說出來。

過去幾年來，我一直在研究「轉念」這個主題，因此我馬上看清楚，此時正是運用轉念的大好機會。於是我先靜下來，清楚意識到雪莉說的話以及我的洞穴人對我講的話，等到我確定這種想法或感受並不是我想要的，我就開始提出問題來挑戰我的洞穴人，而不是一味往最糟糕的情況去設想（穿白色球衣的人會遭到淘汰）。我提出問題，然後用其他不同的方式來解讀當下的情況。

我提出的問題是：「教練為什麼要用這種方式來分隊？」、「在實力這麼懸殊的比賽中，他想測試什麼？」好歹我也當過教練，也遇過大大小小各種不同的選秀賽，若以我來猜想，這個教練很可能想測試白隊少數幾個球員，看看他們在艱困環境中的表現。如果白隊球員在對方高手如雲的情況下也能表現很好，那他跟高手同一隊自然會表現得更好。

接著，我盡可能客觀地問自己：「柯爾表現得如何？」我看著柯爾打球，發現他表現很好，不管哪一種困難情勢都能充分發揮實力，雖然稱不上完美，但要求他完美無異是不切實際的期待，整個比賽長達一個小時，沒有哪個十二歲曲棍球選手是完美的。

我把轉念後的想法告訴雪莉，兩人的腦袋也跟著平靜下來，對身為父母的我們來說，更重要的是，我們因而得以在賽後跟柯爾有段平靜理性的對話。從球場回家的車上，我想知道柯爾對首場選秀賽的感想，於是我問他：「你覺得自己今晚打得怎麼樣？」

柯爾平靜地回答：「我覺得我打得很好。這場球不好打，因為大部分厲害的人都在對手那一隊，不過我想這是教練故意安排的，他想看看我們這些人面對最強悍的競爭對手會表現如何。」若不是教練已經告訴孩子們，就是柯爾自己做了轉念來讓自己冷靜下來，我沒有告訴柯爾我比他花更久時間才想出這個有用、客觀的解讀角度。第二天晚上，我們收到喜悅的消息：柯爾入選了。在壓力之下轉念，連十二歲曲棍球球員都做得到！

時間快轉到二〇一六年三月十三日，柯爾和他的球隊贏得伊利諾州AA州冠軍，為豐收的球季劃下句點。慶功時，我靜心一想，要不是柯爾在選秀賽懂得用轉念來處理威脅，他大概就沒機會有這麼一個難忘的球季。

轉念的步驟

以下簡單介紹我在那場選秀賽的轉念步驟，提供給注重流程的讀者參考：

1. **靜下來，清楚意識到你腦袋裡的洞穴人想法。**用心傾聽發自本能的自我對話——也就是洞穴人對你說的話。問問你自己：「這種想法、感覺、作為是我想要的嗎？」請記得，處在壓力情況時，你無法阻止洞穴人的反射性反應，但是你可以阻止洞穴人不要跟隨反射性反應去**採取行動**。重點是，你要看得出洞穴人把他的反射性反應當成命令來左右你，但那其實不是命令，而是在召喚你的意識思考人出來採取行動，你要怎麼想、怎麼做，選擇權在意識思考人手上。[9]

2. **質疑洞穴人的想法。**對看似最無可辯駁的想法和假設提出質疑，不要忘記，大腦跟電腦一樣，無法分辨事實和謊言，只是用你給的東西來做出反應，如果你的硬碟裝的都是不好的想法和假設（我們每個人都有），結果也不會好。進去是垃圾，出來也是垃圾。轉念名人蓋瑞·李奇（Gary Ridge）是WD-40潤滑油公司執行長，面對壓力局面時，他會靜下來問自己為什麼會有現在這樣的想法和感受[10]，具體來說，他會這樣問自己：

• 面對這樣的情勢，我做了哪些假設？
• 是什麼因素造成我有這些假設——這些假設是出自事實、想像或主觀意見？
• 我在怕什麼？

第七章會對蓋瑞的轉念有更多著墨，包括 WD-40 公司達成的驚人成績。

不要讓腦中浮現的第一個想法把你吞沒，只要對那個想法說：「等一下，讓我先看看你是何方神聖、看看你在說些什麼，讓我先看看你是好是壞再說。」

——**愛比克泰德（Epictetus，古羅馬哲學家）**

3 自己，以便更海闊天空地尋求各種可能性。

- 我還能怎麼思考這個情況？
- 這裡面有幽默可言嗎？
- 如果是某某人（代入一個你仰慕、敬佩的人）碰到這個情況的話，他會怎麼思考？[11]
- 我會教小孩怎麼處理這個情況？
- 如果我沒有恐懼的話，我會怎麼做？（註：臉書公司把這道問題用粗體、色字印成海報，貼在公司各個角落，每天提醒員工要化威脅為機會。）

如果卡住、想不出其他可能，就問問身邊的人對這個情況有何看法。

4 **從新想法當中挑出一個最好的，然後根據此想法去行動。**挑出一個最能提高你的信心、掌控感、最有成功希望的想法。切記，你存進硬碟裡的想法和信念必須來自真正的你——也就是意識思考人。

只要用有助益的新想法來蓋過沒用的反射性想法，壓力就不再是威脅，而是機會。

只要越常收縮這塊新長出的肌肉，就會變成習慣。事實上，我們還真的能給大腦裡的神經通路重接線路，蓋掉舊習慣，培養新習慣，這就是所謂的「**神經可塑性**」（neuroplasticity）。「老狗變不出新把戲」這種說法不流行了，要改成：

老腦袋學得會新把戲。

本書所舉的故事旨在點出轉念的過程，雖然講的是流程，但我們認為用說故事的方式最好。為什麼？很簡單，對大部分人來說，流程不像故事那麼容易記得。

盡可能多多走康莊大道，因為那裡的車子不會走走停停、牛速前進。

——**無名氏**

圖 2.1：遇到壓力時的兩種反應：
一、根據威脅反應來採取行動
二、選擇轉念，把威脅視為機會

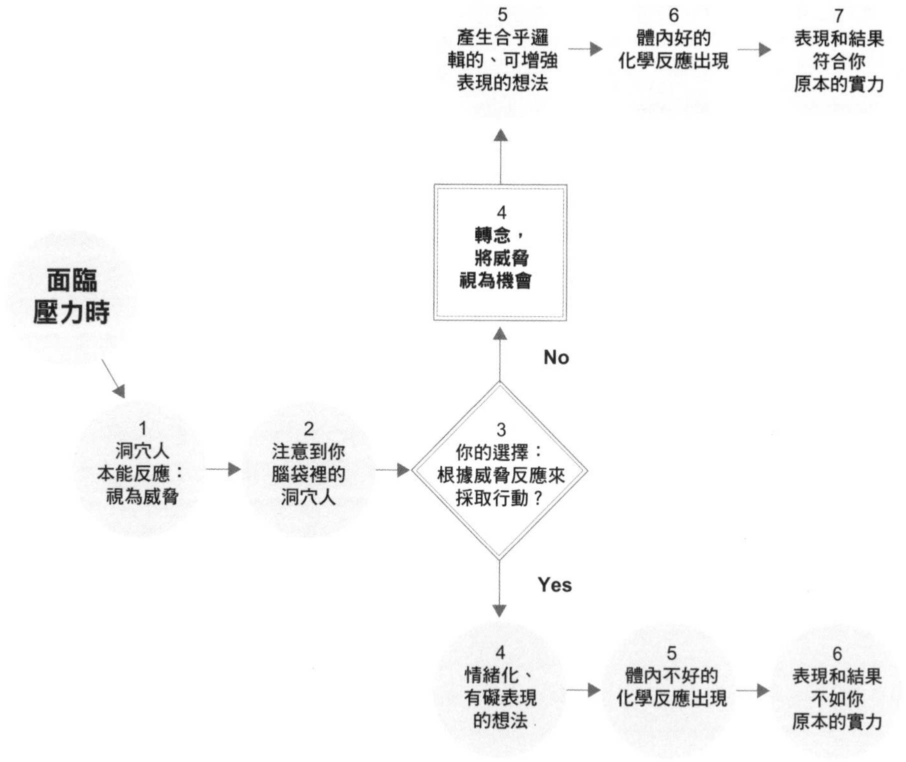

BASEBALL

精采好球

- 我們的大腦威力驚人，但是其反射性反應不適用於現今的壓力環境。
- 洞穴人的本能反應是把壓力視為威脅，而不是視為機會。
- 不要被洞穴人綁架。雖然我們不能將洞穴人除掉，但是可以留意他的出現，學習控制他。
- 學習、練習轉念技巧，化威脅為機會。轉念是刻意改變你的視角，轉念是把大腦的方向盤交到你手中。
  1. 靜下來清楚意識到腦袋裡洞穴人的想法。
  2. 質疑洞穴人的想法。
  3. 另外尋找不同的、理性的想法。
  4. 從新想法當中挑選出最好的一個，然後根據新想法來採取行動。

BASEBALL

練投時間

- 利用你在第一章找出的高壓情況來模擬，練習轉念頭兩個步驟，並且做筆記。
- 靜下來清楚意識到你腦袋裡的洞穴人想法，然後問自己：「這是我要的想法或感受嗎？」
- 質疑洞穴人的想法，問問自己：「這是事實、想像？還是他人的意見？」

接下來的章節裡，我和瑞克會分享我們在緊要關頭播放的歌單，每一首都會教你如何轉念，將某個威脅轉為某個機會。

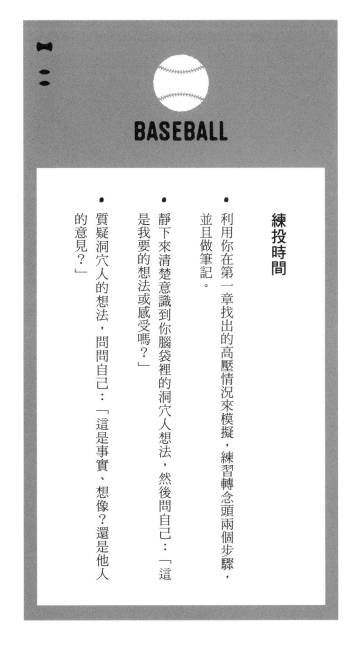

CHAPTER 3

將努力轉為放鬆

你的薪水不是算鐘點，是算投球數，投越少球越好。

——**瑞克・彼得森**

從小，父母和教練總是教我們：「拿出一百分的努力不夠，要一百一十分才行！」因此，困在充滿壓力的環境時，很多人認為最佳出路是更努力。

別聽父母的（至少在這件事情上）

儘管大人總是教我們在緊要關頭要更努力，但卻很少有用，有很多例子證明（這類例子在各個領域都有，包括運動、軍事、商業等等），在壓力之下更用力只會適得其反。回想一下你表現最好的時候，是拚死拚活用盡全力、充滿焦慮嗎？我想應該不是吧。你記憶中表現最好的時候，八成是輕鬆不費力時，這種表現通常稱為**化境**（in the zone）。[1]

遭遇壓力時，與其更用力，不如「放鬆做」，才能進入「化境」。

為什麼碰到壓力會想更用力？

遇到壓力時，我們往往會更用力，這是因為我們有一些觀念會妨礙表現，譬如：

- 我們以為更用力就會有更好的結果。
- 我們以為「最好還不夠，我必須更好」。

但是以上兩個觀念都是錯的！

簡單說，以上觀念會讓我們把壓力視為威脅。我們該把這些觀念「轉念」了。上一章提過，轉念的第一步是靜下來、清楚意識到洞穴人的本能反應和想法，洞穴人的想法會導致你產生對你沒有幫助的想法、感受、行為，而轉念的第二步是質疑這些想法。

更用力一定比較好嗎？

我們向來認為更努力一定能有更好的結果，換句話說，我們相信努力和表現有直接相關，如圖 3.1 所示。

圖 3.1：有礙於表現的觀念：
投入更多努力，必定會有更好的表現

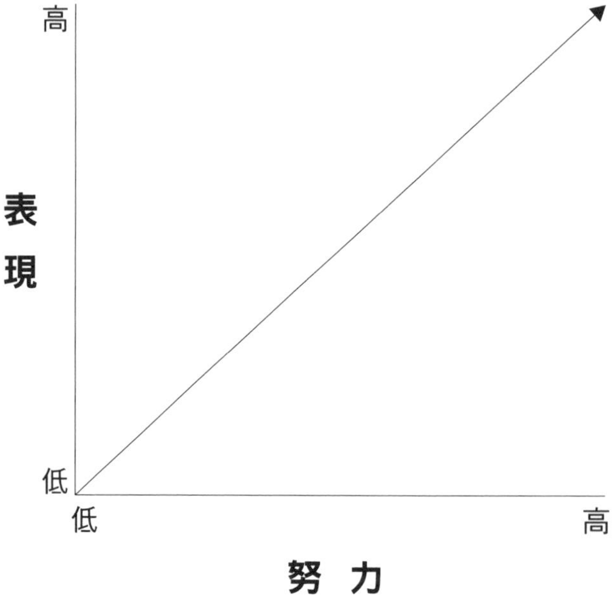

如果你也抱持這種觀念，當你的表現不如期待時，你必然會更加努力。我自己做過、目睹過無數六、七位數的銷售簡報，我可以證明，太努力很少會達到你想要的結果。當你告訴自己「這筆銷售非搞定不可」、「我必須比以前更好才行」、「我一定要讓他們刮目相看」，你就會更用力，給自己更大的壓力，這時的你往往會散發一股急切渴求的氣息，而沒有人會跟一個看起來急切渴求的人買東西。

雖然我們的文化會要求你陷入困境時更努力，但是從種種跟表現相關的數據來看，這樣的文化思維並沒有道理。事實上，根據那些數據資料顯示，稍微放鬆一點往往會有更好的表現。

說到數據，瑞克和二〇〇〇年代初的運動家教練群、管理高層有個信條，是借自知名統計學家、管理學家愛德華茲・戴明（W. Edwards Deming）：

我們只相信上帝，其他人則必須拿數據來說服我們。

《魔球》（*Moneyball：The Art of Winning an Unfair Game*）一書中，作者麥可・路易士（Michael Lewis）精采記錄了運動家經營團隊不訴諸直覺、也不接受棒球界行之有年的觀念，而是仰賴數據來做決策。現在我們也比照辦理，用數據來挑戰我們長久以來一些有礙表現的觀念。

假設有另外一套觀念重新定義努力和表現的關係，我們就先從心理學家羅伯特・耶基斯（Robert Yerkes）和約翰・多德森（John Dillingham Dodson）一百多年前的結論看起。耶基斯和多德森發現，有一個最理想程度的「激發」（arousal）能達到最佳表現。

根據這個「耶多定律」（Yerkes-Dodson law），激發增加有助於表現，不過僅限於增加到某個程度（請見圖 3.2），超過這個程度之後，激發就會變成過度，表現反而會下滑。換句話說，激發太少會令表現者感到乏味、提不起興趣，而激發太多則會使表現者產生焦慮或受到威脅的感覺。

圖 3.2：耶多定律：激發和表現之間的關係

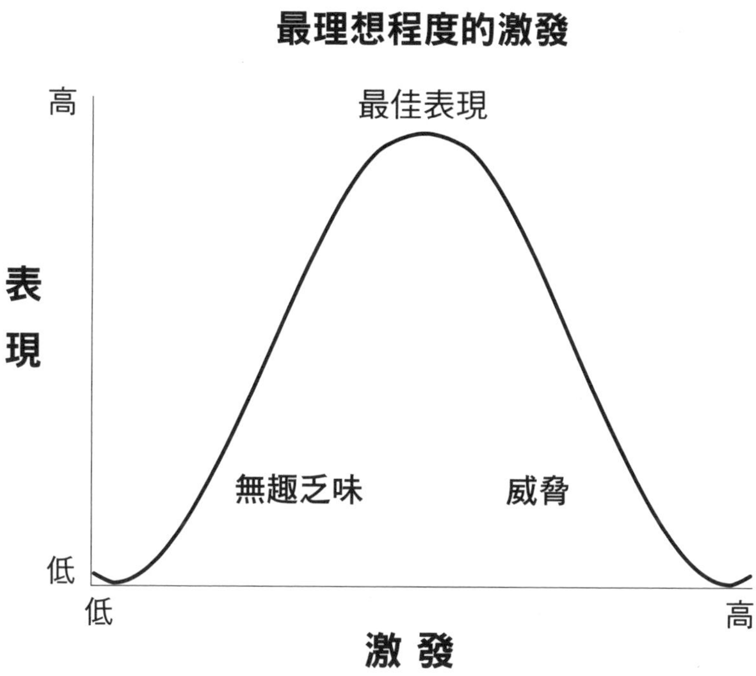

假設你必須參加一項考試，有某個程度的激發是有幫助的，有利於你專注於考試、記得你所念的資料。不過，一旦激發太多就會變成焦慮，會削弱你的專注能力，難以記住正確答案。

值得一提的是，耶多定律的後續研究發現：激發的最理想程度因任務而異。如果是比較複雜的認知工作（譬如做簡報爭取融資），激發較少較能取得最佳表現；如果是不需要太多思考的工作（譬如美式足球的四分衛抱球往前衝），激發較多較能取得最佳表現。激發的最理想程度也因人而異。

好，現在我們知道了激發和表現之間的關係，那麼，激發和努力又有什麼關係？只要了解這個問題的答案，我們就可以了解努力和表現的關係。

努力程度通常跟激發程度有直接關聯。越努力、投入越多心力，激發就會增加，因此，正如耶多定律所示，激發超過某個程度之後，焦慮會上升、表現會下滑；同樣的，努力超過某個程度之後，表現也會下滑。因此，如圖 3.3 所示，把激發改成努力也會畫出跟耶多定律差不多的圖形。

▼圖 3.3：努力和表現之間的關係

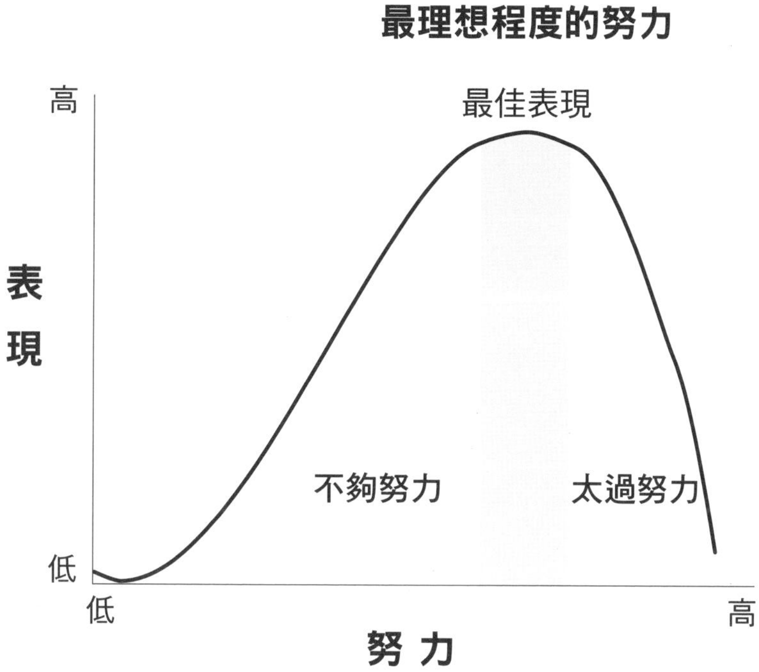

try your best和do your best有很大的不同，Nike的廣告標語是「Just Try It!」嗎？

不是，是「Just Do It!」

——瑞克．彼得森

現在你對激發、努力、表現之間的關係有所了解了，如果你再碰到表現未如實力的時候，很可能會浮現一個問題：我現在位於曲線的哪一邊？是左邊，激發少、不夠努力嗎？如果是，多點努力就會增強你的表現。不過，如果你是處於壓力之下，很可能是你的激發和努力太過才導致表現不佳，如果是這樣的話，**解決方法就是：放鬆去做！**

放鬆不是放棄

有一點必須強調，放鬆不是放棄不做，不是懶散，而是稍微放開油門減速，把緊張拿掉，代之以某種程度的努力，讓你可在輕鬆狀態下發揮實力。

以下透過幾個故事來看看如何減速、放鬆來增強表現。

不要一味使勁

山迪・柯法斯（Sandy Koufax）可說是棒球史上最厲害的左投，但是他的棒球生涯起步並不出色，大聯盟生涯頭六年效力布魯克林道奇隊期間，他的戰績是三十六勝、四十敗，相當不起眼，這種數字連名人堂的邊都沾不上，他雖然有火燙的球速，但是控球一向不好。

柯法斯向《運動畫刊》（*Sports Illustrated*）的湯姆・維爾達奇（Tom Verducci）分享了他的棒球生涯如何起死回生的過程，最後甚至搖身一變成為名人堂球員。[2]一九六一年，柯法斯原本排定在道奇「B組」春訓賽上場先發五局，預定要投剩餘局數的投手沒搭上飛機，於是寇法斯自願多投幾局。

諾姆・謝利（Norm Sherry）當時是柯法斯的捕手搭檔，也是南征北討一路上的室友，他勸柯法斯把快速球稍微放鬆，他認為這樣可以改善控球，同時也保護手臂，以免球季一開始就受傷。柯法斯接受了謝利的建議，投出一場無安打比賽。

柯法斯在這場比賽學到，只要他稍微放鬆，快速球就會乖乖聽話，球勁不變，但控球變好。柯法斯在自傳中寫道：「那天回到家的我，已經換了個人，跟出門時的我截然不同。」[3]

柯法斯一向謙虛自持，他這番說法實在客氣了。從一九六一年一直到一九六六年最後一個球季，柯法斯總計拿下一百二十九場勝投，敗投只有四十七場，勝率高達七成三。這六年當中，他入選全明星賽六次，贏得三次賽揚獎（全聯盟最佳投手的殊榮），也獲得聯盟 MVP 一次，另外有兩次票選居次。以一個投手來說，這樣的戰功前所未聞，時至今日，柯法斯那六年仍然被視為棒球史上最具宰制力的投手表現。

二〇〇四年春訓期間，為了力挺大都會隊老闆佛瑞德・威爾朋（Fred Wilpon，柯法斯的高中隊友），柯法斯向瑞克以及大都會投手群分享了自己的智慧結晶。瑞克跟柯法斯談了一個多小時，像海綿一樣不斷地吸收他的指導，其中，瑞克永遠忘不掉的是教誨是：

不要一味使勁，看看你能多麼放鬆地投出速球。

2 意外的世界紀錄

二〇一五年八月三日，美國游泳天才凱蒂．雷德基（Katie Ledecky）打破自己保持的一千五百公尺自由式世界紀錄。這位十八歲選手是在一場預賽——在俄羅斯喀山（Kazan）舉行的世界錦標賽——達成此項壯舉，最令人驚訝之處在於，這個世界紀錄是無心插柳，雷德基並沒有破紀錄的企圖，只是剛好就這麼破了世界紀錄。而她用了什麼方法呢？**放鬆去做！**

由於只是預賽，並不是決賽，雷德基完全沒把結果放在心上，她沒有盡全力，一心只想順暢地游，為決賽保留體力。

「教練要我一開始九百公尺放鬆游，接下來三百公尺加速，最後三百公尺隨便我。坦白說，感覺很輕鬆……我很驚訝竟然破紀錄，我甚至沒有很專注，就只是很放鬆」，雷德基賽後這麼說。

一抵達終點，她抬頭看成績計分板，看到自己的成績，她微微一笑，看了一眼教練，聳聳肩，彷彿在說她也跟大家一樣驚訝她竟然打破了世界紀錄。**放鬆去做！**

3 把放鬆應用於電影拍攝[4]

我的工作就像是站在噴射引擎的排氣管裡，我發現最好的應對方法是保持冷靜，然後散發出冷靜的氣息，瀰漫於工作環境中。你會發現我們很安靜在工作，但是很有效率。

——**史蒂芬．索德柏**（Steven Soderbergh）

史蒂芬．索德柏籌拍電影《魔球》時，瑞克結識了這位獲獎無數、舉世聞名的導演，兩人因為同樣喜愛棒球而一拍即合，不過他們的共同點還不只如此，史蒂芬告訴我：

「我們兩個都喜歡思考關於思考這件事。」儘管最後索尼影業（Sony Picture）決定另找他人來執導《魔球》，瑞克和史蒂芬的友誼仍維持至今。

為寫作這本書而做研究的過程中，與史蒂芬的對話毫無疑問是最有趣的。儘管早已成就斐然，史蒂芬仍然極為謙虛、迷人有趣，將我們一個半小時的對談寫成一本書絕對綽綽有餘，不過我還是要把重點放在他如何把放鬆應用於電影的拍攝。

- 我的工作可說是世界上最棒的工作之一。某方面來說，這是一種迷人有趣的3D遊戲，你有大筆金錢要處理、有眾多個性迥異複雜的人要面對，還有你無法控制的外在力量要解決，譬如天氣。對有些人來說，這個工作很令人興奮，但是我也看過有人真的被壓垮、崩潰，這是一個非常高壓的工作環境，如果無法好好處理壓力，這就算不上是個好工作。
- 我最不可能「用力」的地方就是拍片現場，也就是正當大家努力想搞清楚自己在做什麼的當下。在那裡，我會盡量像是在最平和的地方一樣，如此才能看清楚發生了什麼、該做些什麼，也就是說，我的腦袋是完全、絕對的平靜。如果拍片現場缺少了某個該有的條件，我就會把進度放慢下來，要大家先走人，因為我知道只要那個問題獲得解決，其他就會進展得非常非常快。與其把大家留下來痛苦地嘗試某個明知很爛的點子或方法，不如讓大家先離開走人（也讓我可以退一步好好思考），才是比較有效的方法。我會問自己：如果是某某人（代入一個你仰慕、敬佩的人）碰到這個情況的話，他會怎麼思考？

- 重點不是努力工作，而是聰明工作。我之所以能一直有好幾個拍片計劃同時進行，是因為我的流程改善了。隨著拍片數量增加，我的創意決策過程也越來越有效率，這是應該的，但卻不是必然，很多導演的軌跡反倒是相反的，他們年紀越大反而要花更久時間才能開拍一部片子，成本也越來越高，拍攝時間也越來越長，他們的確是更努力，但結果卻不見得好。

- 不管是生活或拍片，我之所以能做到「聰明工作」、「放鬆去做」，要歸功於我有三大法寶。第一，回頭客（repeat business）——也就是說，你跟別人的往來互動要有品質，讓他們願意持續跟你互動，因為，唯有別人喜歡跟你共事，你的生計才能持續。第二，期望管理（manage expectations）——自己的期望和他人的期望都必須管理，因為，如果沒有對期望做有效的管理，衝突就很容易產生，信任也會隨之遭到侵蝕，一旦走到這個地步，每一件事都快不起來，也會變得更困難。

第三，也是最重要的，修正錯誤（error correction）——失敗難免，有時候事情就是做不起來，有時候也會有犯錯這種事發生，而如何處理犯錯攸關你能否悠遊於生活和工作。犯錯沒關係，不要一再犯同樣的錯誤就好。因為很注重以上這三件事，所以我比以前更有效率，也更有效能。

「只要更努力一定會有更好的結果」這個觀念是起因於知識缺乏，而接下來要講的有礙表現觀念則是恐懼所導致。

克服「最好還不夠」的恐懼

我們都渴望證明自己的價值，當我們陷入高壓環境時，往往會擔憂自己最好的表現仍不夠好，在這種憂慮之下，我們往往會試圖多做些什麼，於是壓力就更大。

這時，我們往往會試圖做點不一樣的，另闢蹊徑來面對挑戰，譬如：

- 投入更多努力。
- 嘗試以前從未做過的事。
- 努力想做到完美，避免任何錯誤。。

以上這些做法為什麼不是好策略？

首先，本章前面提過，努力超過一個程度反而有害表現。

其次，一旦我們想嘗試以前從未做過的事，當下情況就對我們不利，因為，要在高壓環境採用新方法來取得好結果，其成功機率很低，遠不如採用早已練習多次的方法，這中間有必經的學習曲線是你無法省略的。此外，處在壓力之下如果還想嘗試從未做過的事，你很難掌控過程，而無力掌控的情況下，恐懼、擔憂、疑慮就會油然而生（這三個令人動力全失的致命因素就是起因於缺乏知識、缺乏技能、缺乏準備），接著，一旦內心充滿恐懼、擔憂、疑慮，信心就會動搖，而信心如果動搖，表現就會更進一步下滑，惡性循環就此產生，信心與表現只有每下愈況。

再來，當我們認為拿出最好的表現還不夠，我們就會努力想做到最完美，避免任何錯誤，這時候我們會以保守防禦為上，最後反倒犯下更多錯誤。「最好」已經是你的極致表現，你不可能做得比以前好，丟掉迷思，不要妄想在壓力之下還能表現得比你的「最佳表現」還要好，不可能的。

平常就是不凡

在瑞克指導之下，二〇〇一年運動家投手群的自責分率（ERA）高居美聯十四支球隊第二名，打入季後賽對戰紐約洋基時，**瑞克告訴投手群：只要拿出平常的水準就是不凡。**他告誡他們不要想要多做些什麼，只要照著例行賽的方法去投，就會跟例行賽一樣有很棒的結果，唯一的差別只是舞台變大了。

瑞克揚棄「投手在季後賽必須拿出比例行賽更好的表現才行」的想法，他減少了投手群的壓力，因為他提醒投手們，他們已經是棒球界最厲害的球員，只需要像例行賽一樣來投季後賽就行了，放鬆去做！

我不需要比平常更好

最近有機會跟朋友馬克·李維（Mark Levy）閒聊[5]，他是暢銷書作家、行銷定位專家，也共同為這本書貢獻了一些想法，他跟我分享了一則很精采的故事，是關於他的客戶史蒂夫·柯恩（Steve Cohen）。柯恩是「百萬富翁魔術師」，固定在紐約曼哈頓華爾道夫飯店（Waldorf Astoria）表演「私人魔術」，同時也固定在富豪的私人豪宅或活動上表演，娛樂各方顯要，包括股神巴菲特（Warren Buffett）、前任紐約市長彭博（Michael Bloomberg）、知名專欄作家瑪莎·史都華（Martha Stewart）、迪士尼前任執行長艾斯納（Michael Eisner）、摩洛哥皇后、沙烏地阿拉伯儲君。[6]換句話說，他很習慣在壓力之下表演。

二〇一三年春天，柯恩受邀到《賴特曼深夜脫口秀》（*Late Show with David Letterman*）表演，馬克和柯恩一起構思要在短短三分半鐘表演哪些魔術。距離上節目表演只剩十天左右，馬克發現柯恩越來越緊張。馬克告訴我，他從未看過柯恩如此緊張，以前不管要表演給誰看，他從未如此。於是馬克問柯恩：「怎麼了？為什麼這麼緊張？」

柯恩告訴馬克：「是賴特曼耶！是有幾百萬人會收看的電視節目，而且會永遠放在YouTube上面，我一定得表現得很精采才行！」

轉述這個故事時，馬克告訴我：「每當有人很緊張的時候，我總會搬出一套邏輯來讓他們冷靜下來，我沒打算說什麼鼓舞人心的話，於是我問柯恩『負責幫賴特曼尋找奇人上節目的密探看過你表演嗎？』」

柯恩回答有，接著他說，過去三年來，賴特曼幾位製作人和密探有幾次到華爾道夫飯店看過他的私人魔術表演。

接著馬克又問柯恩另一個問題：「那幾次的表演中，你有拿出前所未有最好的表現嗎？你每招魔術都做到很完美嗎？」

柯恩回答，那幾次的表演都很不錯，但就只是跟平常一樣，他只是如常演出。

「那麼，那些密探對你的表演有什麼看法？」馬克問。

柯恩的回答是，密探說很喜歡他的表演，他們希望他到賴特曼的節目表演。

馬克接著說：「所以賴特曼節目知道你會有什麼樣的演出對不對，他們看過你表演好幾次。」

他們並沒有說：「嗯……這個人不錯，如果我們把他帶到節目上，有幾百萬人收看，再加上事關我們節目的名聲，他一定會表現得更好，我們就給他機會試試看吧。」他們並沒有這麼說，對吧？

「他們看到你平常的表演就決定『我們想帶到節目上表演給幾百萬人看的，就是這個樣子的人』，現在的你就是他們要的。」

馬克的建議——你不需要比平常的你更好——安撫了柯恩的焦慮，接下來一直到演出前那個禮拜，他很放鬆。結果，柯恩在《賴特曼》節目的表演獲得滿堂彩（www.youtube.com/watch?v=cpSAI29kCog）。

我只要拿出平常的水準就是不凡。
我不需要比平常的我更好。
此時此刻的我已經夠好。
我會放鬆去做！

BASEBALL

精采好球

- 碰到壓力時，更用力往往只會適得其反，表現反而會下滑。你記憶中最好的表現反而往往是在輕鬆不費力的情況下做出的。
- 碰到壓力時，我們往往會想更努力，因為我們一直有一些妨礙表現的觀念。靜下來，清楚意識到這些妨礙表現的觀念，並且予以質疑，這些觀念有很多是恐懼的產物。然後，拋掉這些妨礙表現的觀念，代之以可增強表現的觀念。
- 更努力不見得能得到更好的結果，最理想的表現來自最理想程度的努力。
想想寇法斯的例子，不要一味使勁，試試你能多放鬆投速球！
想想雷德基是如何在完全放鬆的情況下，意外締造世界紀錄。
- 此時此刻的我已經夠好，我不需要比平常的我更好。
想想瑞克在二〇〇一年季後賽告訴運動家投手群的話：
拿出平常的水準就能不凡！

想想馬克・李維給魔術師史蒂夫・柯恩的忠告：「他們是因為看到你平常的表演才說『我們要帶到節目上表演給幾百萬人看的，就是這個樣子的人。』」

BASEBALL

練投時間

- 找出一件你用盡全力但反倒有害表現的事。
- 擬出一套計畫，讓你可以稍微放鬆，可以輕鬆自在地使出九成的力氣。
- 將你的計劃付諸實行，然後比較這兩種方法的結果有何不同。
- 有必要的話，再調整你的努力，以達到最理想的表現。

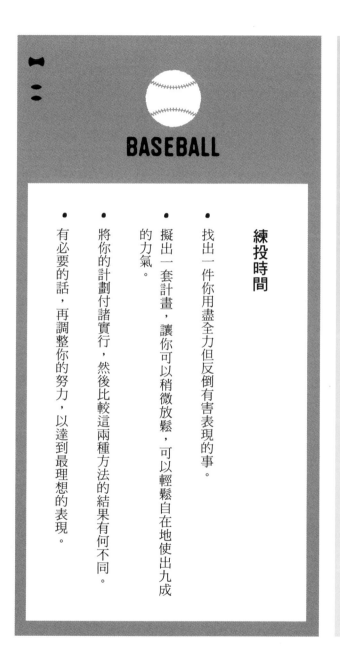

CHAPTER 4

將緊繃轉為笑臉

別人的喪禮一定要去參加，不然他們以後不會來參加你的。

——尤吉．貝拉（Yogi Berra）

其他條件都一樣的情況下，一個緊張的人勢必會輸給一個放鬆的人。我們都知道面對壓力時應該放鬆，但是並不知道該怎麼做，甚至只要有人要我們放鬆、樂在其中，我們反而會感到很挫折、更加緊張。為什麼？因為我們不知道碰到壓力時該如何放輕鬆。

我來提供一個解方：在最緊張的時候，主動去尋找可讓你開口笑的機會。歡笑可以讓外在威脅變得不那麼嚇人，也讓機會變得更清晰可見。

在本章裡，我和瑞克會教你運用幽默來化解緊張。此外，我也會分享幾個例子，分別是瑞克等人利用幽默化解緊張、在艱困情勢中往前進的故事。幽默不是「最好要有」，而是「一定要有」，不只是因為幽默很好玩，還因為幽默很有用。

放鬆不是放棄

安德魯．塔文（Andrew Tarvin）是他一手創立的公司「幽默很有用」（Humor That Works）首席「幽默師」。你絕對不會把他跟幽默聯想在一起，一來，他並不是諧星，他畢業於俄亥俄州立大學，念的是電腦科學和工程，創立「幽默很有用」之前，是跨國公司寶僑家品（Procter & Gamble）的IT專案經理，他說：「身為工程師，我的工作是找出有用的東西，實際去執行，然後再傳授給其他人，結果我發現，幽默很有用。[1]」但是幽默的效用是什麼呢？

心理層面

以下只列舉幽默在心理層面的一部分好處：

1 如果缺乏幽默，我們很容易會把壓力放大。幽默有助於我們從正確角度來解讀情勢，情勢也就不會那麼嚇人。

2 幽默可以幫助我們自嘲，卸下我們的防禦機制，讓我們更願意接受指導或意見。

3. 幽默有助於記憶，延長長期記憶停駐的時間。[2]
4. 只要開懷大笑就不會有焦慮和恐懼。[3]
5. 幽默可強化關係，是人們展示支持的方式。若是你跟著某人一起笑，就代表你跟他是站在一起的。[4]
6. 幽默有助於創造力以及解決問題。[5]

生理層面

古諺有云：「笑是最佳良藥。」這句話已經獲得醫學研究的背書。當你開口笑，不僅會卸下心理上的重擔，體內也會產生有利於表現的生理變化。[6]

1. 笑可以阻止身體的壓力反應，放鬆肌肉，降低血壓。笑容消退之後，肌肉放鬆還可維持最長四十五分鐘。[7]
2. 笑可以增加腦內啡（endorphins，腦內分泌的一種化學物質，又稱為「快樂荷爾蒙」）的釋放，可減緩身體和心理上的疼痛，提升免疫力。
3. 笑可以提高含氧空氣的吸收，促進心、肺、肌肉的功能。

其他好處

除了對身心的幫助，也有證據顯示在職場上，幽默可以減少缺勤、提升公司忠誠度、避免過勞、提高生產力。[8]

我來提供一個解方：在最緊張的時候，主動去尋找可讓你開口笑的機會。歡笑可以讓外在威脅變得不那麼嚇人，也讓機會變得更清晰可見。

二〇一二年的《幽默：幽默研究國際期刊》（*Humor : International Journal of Humor Research*）刊登了一份研究，西卡羅萊納大學（West Carolina University）的湯瑪斯．福特（Thomas Ford）和同事測試了幽默對焦慮和數學成績的影響。這群研究人員把受試者集合起來，故意給他們壓力，告訴他們，他們必須考一份很難的數學測驗，是實驗的一部分。然後，受試者被分成三組。

- A組閱讀幽默好笑的漫畫書。
- B組讀詩。
- C組什麼都不讀。

如相較於B組和C組，接觸幽默的A組不只對考試的焦慮較低，成績也好很多。[9]

如果說到這裡你還不相信笑的好處，那我們就從你最在乎的金錢來談談。有一項研究發現，高階經理人的績效評比和獎金分紅都與他們的幽默程度呈正相關。[10]

幽默不只是好玩，不只是面臨壓力時「最好要有」的工具，而是你的軍火庫「一定要有」的武器。

為什麼大家碰到壓力時不動用幽默？

在成人世界，扼殺幽默的主要原因是：害怕自己看起來像笨蛋。[11]在職場上，大家很怕被貼上「不專業」的標籤。

其實，很多成人會主動去找能讓自己笑的人，在職場也是如此。有一項研究調查了七百多位執行長，其中有九成八偏愛有幽默感的求職者。[12]再者，有幽默感的領導人往往給人胸有成竹的感覺，彷彿一切都在他的掌控之中，即使他本人並不是那麼有把握。

如果擔心耍幽默會讓你看起來很笨、不專業，請認清這是洞穴人在作祟，請質疑他。

不要忘記，人人都偏愛有幽默感的人。

開始塗鴉吧！13

寫作本章時，我知道必須收錄一、兩個跟工作有關的例子，看看別人如何用幽默化解緊張，於是我找上好友麥可・德雷尼（Mac Delaney），他是我認識的人當中最風趣幽默的一個，同時也是高階經理人、意見領袖，任職於數位廣告業。

麥可還有一項過人之處，他是將工作上的緊張轉化為笑容的代表人物。二十六歲時，麥可服用的血壓藥物已經跟七十歲人一樣，十幾年過後，他的工作表現一樣優秀，但這時的他是透過幽默來緩解緊張、取得成果，而且他也剛好不再需要任何血壓藥物。

我相信麥可一定有很多例子可以分享，述說他用幽默化解工作壓力的經驗，他果然沒有令我失望，以下只是他跟我分享的眾多例子之一。

二〇一三年我服務於 Vivaki 的時候，我們團隊有一陣子衰運連連。先是紐約分公司的總經理離職，很多團隊成員也跟著一起走人，搞得留下來的人更辛苦，因為一個人要做兩個人的工作。屋漏偏逢連夜雨，當時耶誕長假又快到，正是廣告界業務量倍增的時候，緊張和壓力不是普通的大。

我告訴領導階層，我打算每個禮拜從芝加哥到紐約一次，從十月持續到年底。這麼做是為了安定紐約團隊（我們公司最龐大的一支團隊），以免他們被壓力壓垮，我們要手挽著手一起度過那一年。

有一次到紐約的路上，我注意到班克斯（Banksy，知名塗鴉藝術家）在城裡舉辦一個月的展覽，於是我想到一個點子，我到一家便利商店買了一大把 Sharpie 麥克筆。我們的紐約辦公室位於蘇活區（SoHo），是全新落成，雖然地點絕佳，但是牆壁尚未上漆，一片全白，了無生氣，令人很不舒服，跟電影《上班一條蟲》（*Office Space*）裡頭的辦公室差不多，雖然有說牆壁會漆成我們公司的代表色，但是遲遲未見行動。

有一天我比所有人早到辦公室，盡我所能畫出如同班克斯一般的塗鴉，我用Sharpie麥可筆在所有牆面大大寫上：「有誰比我們厲害？」、「現在是我們的時代！」，然後寫上數據，證明我們那一年的營業額很驚人。

等到其他人一一走進辦公室，每個人都嚇了一大跳，人資主管很不開心，不過執行長倒是愛死了。接著我把其他麥可筆發給團隊成員，告訴他們「每個人都要畫上自己的塗鴉」，於是大家立刻開始作起畫來。這對團隊來說非常抒壓，消除了一直以來承受的負面壓力，這是很長一段時間以來第一次看到大家露出笑容，開心大笑。

於是，我們重拾早已在緊張情緒中失落的視角，得以從正確角度來思考。我們開始固定開玩笑互相提醒：「我們又不是在動大腦手術，我們是在網路上賣廣告」，意思並不是說我們可以不謹慎，而是提醒我們要輕鬆以對。其實，只要能從幽默的角度來看這世界，工作成果一定會更好，這是我們不能放棄的核心價值，尤其在講究創意的廣告圈，幽默和創意息息相關。

SMILE
I ♥ NY

黑暗中也要幽默

訪談運動員、軍人、商業領袖的過程中，我發現他們常常用幽默來面對緊張情勢、紓解壓力。幽默是洞穴人的剋星。

很難想像在生死交關、壓力緊繃的戰場還有開玩笑、玩樂的興致，不過，有很多文獻紀錄證明，用幽默來面對戰爭的例子倒是不少，比方說，納粹在二次大戰轟炸英國時，倫敦人比平常還愛開玩笑；一九三九年，英國首相邱吉爾（Winston Churchill）得知義大利總理墨索里尼（Mussolini）決定參戰時，對英國人民宣布：

義大利人宣布要加入納粹陣營參戰，我覺得這樣很公平，上一次（一次世界大戰）義大利跟我們同一個陣營，我們受夠了，現在輪到德國有得受了。

一九七〇年代的《外科醫師》（*M*A*S*H**）是美國電視史上評價最高的影集之一，這齣戲完美體現了幽默在緊張高壓環境的重要性。這部影集以韓戰為背景，主角是美國

4077野戰醫院的主要人員。置身於可怕的悲劇、受傷、死亡之中，影集主角們的幽默對話有時看似很不恰當，甚至絲毫沒有同理心可言，但這正是幽默的力量，可以讓主角們在強大的戰爭壓力中保持頭腦清楚、勝任工作、發揮效能。他們的幽默讓醫療團隊得以保持思緒清晰，可說是用幽默來拯救性命。

幽默可以暫時降低外在情勢的威脅，也可產生掌控感，提供不同的視角，幫助你用輕鬆的心情來看清險峻情勢。

敏銳的幽默感可以幫助我們無視不妥、理解非傳統、忍受不喜、克服意外、熬過難以忍受。

——**比利・葛拉漢（Billy Graham）**

在最惡劣的環境也能找到幽默。

如果別人可以在戰爭中找到幽默，我也能在壓力之下找到幽默。

雖然大聯盟的棒球隊跟戰場相差十萬八千里，但是球員和教練同樣也在黑色幽默中找到慰藉去對抗艱困環境。吉姆・亞伯特（Jim Abbott）跟瑞克分享了一個例子。

這下你就直接進名人堂了

吉姆是獲獎連連的投手。一九八七年就讀密西根大學時，吉姆贏得全國業餘運動員的最高榮譽——蘇利文獎（James E. Sullivan Award）；一九八八年，吉姆獲選為年度十大運動員；一九八八年夏季奧運，他在對戰古巴的金牌戰登板投球，帶領美國拿下勝利；擔任紐約洋基先發投手時，吉姆投出無安打比賽。

如果你沒聽過吉姆這號人物，你一定會很驚訝於達成這麼多豐功偉業的吉姆竟然天生沒有右手。他很小的時候就學會用左手投球，然後快速把手套從右手臂殘肢換到左手，以便攔截朝他打回來的球。

一九九一年，他進入大聯盟第三年，在加州天使隊陣中度過不同凡響的一年，拿下十八勝、十一敗，自責分率 2.89。接下來四年，吉姆的成績頂多只能算平平，三十八勝、四十五敗，沒有投出他應有的水準。進入一九九五年球季，吉姆迫切想重拾好身手，他成為自由球員，加入芝加哥白襪隊，當時瑞克正是白襪隊的牛棚教練，指導救援投手投球。

一九九五年首度在春訓出賽時，吉姆連一個打擊者都沒辦法解決就被換下場，他澈底被擊垮，覺得大難臨頭，他的洞穴人出於本能開始淹沒他的腦袋，滿腦子都是有害的想法：「我在球隊的位子是不是不保了？」、「隊友和教練會怎麼看我？」瑞克很敏銳地察覺到吉姆的狀況，於是在吉姆的衣物櫃留了一張紙條：「有時候就是需要後退幾步，才能助跑起跳。」

「雖然我的表現不如我所願，但是瑞克的紙條讓我感覺，在這個新球隊還是有人支持我。那張紙條說明了瑞克的處事方式，建立起我們之間的信任，成為我們日後對話的基礎」，吉姆這麼告訴我。

春訓的某一天，瑞克在牛棚觀察吉姆的投球。瑞克說，吉姆似乎在投球動作完成之前就急著把手套換到投球的左手，他似乎很怕自己來不及做好防守動作，而被朝他而來的平飛球給擊中；瑞克記得吉姆在前一年曾經被打向投手丘的平飛球擊中過。

吉姆效力於洋基隊時，曾經對法蘭克．湯瑪斯（Frank Thomas，全聯盟最擅長打平飛球的打擊者之一）投出一記快速球，「我球一投出去，法蘭克．湯瑪斯就打成平飛球，朝我飛過來，『啪』一聲擊中我的左腿，力道非常大，當時湯瑪斯回到休息區還跟隊友說他從來沒那麼用力擊球過。第二天，我的大腿開始出現瘀青，最後蔓延到腳踝，一大片瘀青，不過很快就痊癒了，我也沒有特別放在心上。」

「我在投手丘上從來不太去想保護自己不被球吻，而是留給其他人去擔心，湯瑪斯那顆擊球要是再高個幾吋，我的小命可能就不保了。不過，要是我因為那次而縮短了手套換手的時間，因為太早換手而縮減了球進本壘的動能，那也是出於下意識，是本能，是為了求生存。」[14]也就是洞穴人在作祟。

瑞克繼續跟吉姆的談話：「你知道有多少人在棒球上死掉嗎？」吉姆還沒開口回答，瑞克就自己回答：「零！」

「所以你何不好好完成投球動作就好呢？如果投球動作不完全，投出的球就沒有威力，打擊者很可能就會打成朝你飛來的平飛球，如果這樣，你就要直接進名人堂了，他們會把你的球衣脫掉，送進名人堂供起來，這下你就直接進名人堂了。」

「這是球員休息室司空見慣的黑色幽默，不過瑞克說得沒錯，**他點醒了我，我必須拋開被球擊中的恐懼，好好把投球動作完成。**他用他特有的方式幫助我了解，只要我確實完成後續的投球動作、做好投球工作，就算毫不設防我也不太可能被球擊中，如果真的被擊中，我也會被抬進名人堂，這個幽默轉了個彎，不過讓我笑了出來，幫助我了解到，我的確必須改變。」吉姆說道。

到了七月底，吉姆已經拿下六勝四敗，投手自責分率3.36，更優於上個球季，從五月底到仲夏，他的投手自責分一直保持在3以下。吉姆說：「在瑞克的協助之下，我變得有衝勁，這很叫人興奮，原本我很懷疑自己可能回不去以前的身手了，但現在我又回來了。」

如你所知，幽默有千百種形式，本章所舉的例子是用**黑色幽默**來紓解壓力，但是其實只要能逗你開心、能讓你露出笑容，任何形式的幽默都能產生有利於表現的效果到慰藉去對抗艱困環境。

要是我不幽默呢？

有些人被要求要放鬆反而會緊張，同樣的，如果有人叫你要幽默一點，你也可能反倒緊張起來。說的比做的容易，對不對？還好，天無絕人之路。正如你不必是廚藝精湛大廚也能享受美食，同樣的，你不必是諧星也能從幽默中獲得樂趣，你只要懂得欣賞他人的幽默就行了。

哪一種幽默的效果最好？跟美麗一樣，幽默也是很主觀的東西，每個人各有一把尺。想想看哪一種幽默能逗你開心、能讓你微笑或大笑，任何人、任何事物不拘——也許是你的小孩、你養的瘋狗、某個朋友、某個電視節目、某個電影場景、某個脫口秀、某支YouTube 影片、某一本書、某一首歌、某一張圖片、甚至是你的某一場高爾夫球賽。

有這麼多幽默唾手可得，你應該永不匱乏才對，不過，如果你是獨自一人，手機剛好沒電，腦袋又想不到有什麼幽默好玩的事，那就學學瑞克，學學電視上的諧星，學學那些幽默風趣的人，好好觀察眾生百態，融入周遭環境，尋找能逗你開心的人事物。

好好欣賞別人所說、所做的好玩事，給幾句評語。有時候，光是微笑或大笑就足以觸發有利於表現的反應。

BASEBALL

精采好球

- 幽默已證明可帶來很多好處，包括健康的身心靈。職場上的幽默可以減少缺勤、提升公司忠誠度、避免過勞、提高生產力。碰到壓力時，幽默是你的軍火庫「一定要有」的武器。
- 黑暗中也能找到幽默。幽默可以暫時降低外在環境的威脅，也有助於產生掌控感，提供不同的視角，幫助你用輕鬆的心情來看清險峻情勢。
- 想一想麥可．德雷尼的例子，他和團隊拿起麥可筆，在了無生氣的辦公室牆上盡其所能仿效班克斯的塗鴉，這個幽默活動讓他們重拾在緊張情緒中失落的必要視角。
- 想一想瑞克的例子，他用幽默忠告點醒吉姆．亞伯特，幫助吉姆減少掙扎和恐懼：只要好好完成投球動作就好，不然你會被球擊中，然後他們會把你抬進名人堂供奉起來。
- 不必是位廚藝精湛的大廚也能享受食物，同樣的，你不必是個幽默風趣的人也能從幽默中得到樂趣。

BASEBALL

練投時間

- 想一想什麼東西能逗你開心、讓你微笑或大笑，任何人、任何事物不拘。
- 找出網路上已錄好的現成幽默內容，彙整存放在容易取用的地方（譬如手機）。
- 下回為重大場合做準備時，取出你收集的幽默內容，然後等著收割笑容給你帶來的好表現。

CHAPTER 5

將焦慮轉為掌控

把球投進手套是你的專業，投進手套就對了！

——瑞克・彼得森

壓力會引起焦慮，原因包括（但不限於）以下：

- 我們會把注意力放在超乎自己掌控範圍的目標或因素。
- 我們會把注意力放在結果，而不是放在過程。
- 我們會因為某個任務「看起來」很困難就被擊垮。
- 我們承諾太多。
- 我們的期待太高，因為衡量方法有誤。
- 我們放大了情勢的重要性。

在本章裡，我們會分享幾個對抗壓力的方式，幫助你減少焦慮，重新取得掌控。

投進手套就對了

每年春訓開始時，瑞克都會問他旗下的投手們：「你今年的目標是什麼？」得到的回答大多跟「結果」有關，譬如勝場數要達到多少、投球局數要達到多少。瑞克總是利用他們的回答來做機會教育，上一堂「如何設定目標」的課。

我們都被教導要設定崇高、長期、以結果為導向的目標，也就是棒球卡背面或公司財報上面會寫的那種，但是那種目標往往理想過高，遠不如短期、小規模、比較不受讚揚以過程為導向的目標。

崇高、以結果為導向的目標有什麼問題？會導致不健康的失焦，譬如把注意力放在不是自己掌控範圍的因素。舉個例子，一場棒球比賽要能夠獲勝，有很多因素並不是投手所能掌控：隊友的得分表現、隊友的守備表現、對方打擊者的打擊表現，甚至裁判的判決等等。

此外，崇高、結果導向的目標本意是為了激勵，卻反倒可能嚇壞人、令人士氣全失，隨之產生懷疑和焦慮，不利於表現。

瑞克的做法是，他會要求投手聚焦於簡單、短期、微小、以過程為導向的目標，他會告訴投手們，把球投進手套是他們的專業，所以他們的目標很簡單，就是盡可能投進捕手的手套。

「**投進手套就對了！**」是瑞克用來馴服投手大腦裡的洞穴人的咒語，同時也讓投手把焦點放在自己能掌控的事情上。只要投手把注意力放在簡單的、過程導向的目標，就不會被自己無法掌控的事情給分心。

> 有時候你會招架不住，你心裡會想：「天啊，我得面對這四個打擊者，他們都很厲害，二、三壘又有跑者，我該怎麼辦？該怎麼安然度過這關？這時瑞克會把情況單純化，讓你感覺舒適。不管怎麼樣，站上去正面迎戰就對了，把球丟進捕手的手套，其他的部分自然會各就各位。[1]
>
> **——查德・布雷佛德（Chad Bradford），**
> **奧克蘭運動家隊救援投手，《魔球》裡的主要人物**

除了可以提高專注力，「盡量把球投進手套」也是最可行的方式，最有可能達成更大、結果導向的個別目標或團體目標。

BASEBALL

葛瑞格・麥達克斯（Greg Maddux）的另類績效評量

比賽結束後，先發投手葛瑞格・麥達克斯被要求評價自己的表現，他的評價方法令眾人大表意外。他談的不是「致勝功臣是不是他」、「對手打他的球打得如何」，也不是「對手拿下了幾分」，反而只是簡短回答「七十八分之七十三」，在座記者完全不得其解。

麥達克斯的意思是，他投了七十八球，其中有七十三球如他所願，以他的評估方式來看，他那天的表現很好，球離開他的手指出去之後，接下來發生的一切都不是他所能控制。[2]

「把思緒集中於自己能掌控的部分」，這種心理訓練對他很有幫助。在一九九〇年代，麥達克斯的勝投數高於其他任何投手。他是大聯盟史上唯一連續十七個球季至少十五勝的投手，也是史上首位連續四年（一九九二到一九九五）獲得賽揚獎的投手。二〇一四年，麥達克斯首次獲得名人堂提名時，便以比其他任何球員更高票而入選。

化整為零：你可以專注三秒鐘嗎？

如果覺得任務的難度超乎自己所能處理，你很容易會充滿恐懼和焦慮，感覺受到威脅，這時，一個降低難度、對付威脅的有效方法是：化整為零。

化整為零是把看似龐大可怕的目標切成一個個小塊的目標。換句話說，不要想一口吞下大象，而是一次咬一口。把大目標切成實際可達成的小步驟，可降低焦慮、提升信心和掌控，從洞穴人模式切換到意識思考人。

如果把結果導向的大目標切成一連串簡單、短期、小規模的過程導向目標，你會更頻繁體會到成就感。每次一有目標達成，你的身體就會釋放多巴胺，也就是令你感覺良好的神經傳導物質，你會感覺有信心、有生產力。

我們都知道，若想有高水準表現，專注是必須的，可是，如果無法長時間保持專注，我們很容易就會陷入焦慮，覺得自己會被挑戰擊垮。厲害的人不是長時間都保持專注，而是在該專注的時候專注，他們的專注力有特定的「進出」時間點，在必要的時候全神貫注。

一九九四年，瑞克從位於納許維爾（Nashville）的芝加哥白襪隊 3A 升上大聯盟，同時擔任牛棚教練以及白襪運動心理部門共同主管，白襪總經理朗・蘇勒（Ron Schueler）和投手教練傑克・布朗（Jackie Brown）請他去輔導羅貝托・赫南德茲（Roberto Hernandez）。教練和隊友都叫赫南德茲為「貝特」（Bert），他搞砸了最近幾次救援，信心直直落。貝特在上個球季表現很出色，成功救援三十九場，包括美聯冠軍系列戰一場四局無失分的成功救援。

瑞克看不出貝特的投手動作有什麼問題，他問了貝特幾個問題，試圖診斷貝特陷入低潮的原因，瑞克從貝特的回答判斷他在投手丘上可能無法專注、注意力無法集中。

一次牛棚練習時，瑞克問貝特：「你投球前會固定做什麼？你會對自己說什麼來讓自己全神貫注於那一球？」

貝特回答：「看到捕手的暗號之後，我會告訴自己『大膽放手投出去！』」

瑞克說：「好，那樣可以讓你全神貫注，那我們就來做做看，你把心裡那句話說出來，然後把球投出去。」

於是貝特開始做投球前的例行程序，瑞克則拿著碼錶在一旁測量時間。貝特看到捕手的暗號之後，說出他內心給自己的指令，接著把球丟出指尖，整個過程花了三秒種。

瑞克問貝特：「你投一球能全神貫注三秒鐘嗎？」貝特說可以。

瑞克繼續說：「通常一局要投十五球，也就是說，只要專注四十五秒就能救援成功。一個球季成功救援四十場就是很優異的成績，換句話說你一個球季必須全神貫注一千八百秒，也就是三十分鐘。你保持專注的時間變得比較短，但是專注力變得更好，做得到嗎？」

貝特平靜下來，輕聲笑了笑：多麼簡單的一件事！

由於瑞克的轉念（縮短專注的時間來達成更好的專注），以及把遠大、結果導向的目標（本季四十場救援成功）切成小目標（專注三秒鐘，把球投進捕手手套），貝特得以將焦慮化為信心和掌控，把威脅轉化為機會，把洞穴人切換成意識思考人。

若要紓解壓力，就要拋開遠大、結果導向的目標。專注於簡單、短期、小規模、過程導向的目標。

把「投進手套」和「化整為零」應用於我的工作

我從事業務工作多年，每年年初是業務人員焦慮指數最高的時刻之一，去年的業績已成過去式，計分板重新歸零，更新、更大的數百萬業績目標迎面而來，躲無可躲，你必須再一次證明自己的能耐，一次又一次。

對很多業務單位來說，大談業績提升是一種激勵（亦即談論今年業績必須比去年提升多少），儘管立意甚佳，但是集體高喊「我們又把標準拉高了！」卻會令某些人偷偷拭淚，本意雖然是為了激勵，結果卻往往是恐懼、擔憂和疑慮。

為何如此？因為就跟投手一樣，對業務人員來說，銷售這件事也有很多層面不是自己能夠掌控，而且，龐雜的日常業務很容易令人失焦。

聽了瑞克的「投進手套」理論，我馬上開始思考：在我的日常工作中，我的「投進手套」是什麼。我得到的結論是：**跟客戶、潛在客戶的高品質互動**。只要是有利於銷售以及我跟客戶的關係，就是我所謂的「高品質互動」，而只要我每天把心力放在跟客戶維持高品質互動，對於我達成銷售業績就會有很大的進展。

把我自己的「投進手套」意涵定義好之後，我開始思考每天應該達成多少高品質互動。我把最初的目標設定為兩次，聽到這裡你可能會哈哈大笑問我：「那你每天吃完午餐之後不就沒事幹了？」，且讓我來算給你看，如果每天有兩次高品質互動，一個禮拜就有十次，一個月就有四十次，假設一年有一個月的假期，那麼一年算下來就有四百四十次，比我過去的平均多很多。

開始把全副心力放在「每天兩次高品質互動」這個新的、簡單的、短期的、微小的、過程導向的目標之後，我看待每天工作內容的角度就全然不同。我開始把兩次高品質互動的優先順序排在最前面，在思考時間的安排時，我會不斷問自己：「這對你『投入手套』有幫助嗎？」

結果，我大幅提升了聚焦程度，浪費掉的時間變少。我完全沒把業績目標放在心上，但是業績數字大幅揚升，整年結算下來，比前一年增加百分之二十五。小小的改變，大大的斬獲。

3・4 拋開個人最佳成績，勝過個人平均就好！

有時候，我們之所以感覺有壓力，是因為我們用了錯誤的評量方法來評量表現，因而導致我們設定出虛妄的期待，徒增焦慮。

有時候，我們會拿自己跟同行最頂尖的人相比，這就好像週末才打一次高爾夫的人拿自己跟世界頂尖高爾夫好手相比，完全沒有道理。就算是拿自己跟水準相近的人相比，我們也常常會過度膨脹對方的優點、無視對方的缺點，但同時又輕視自己的優點、放大自己的缺點。拿自己跟他人相比，通常只會觸發洞穴人模式，造成焦慮、挫折、氣餒。

「比較」（comparison）是個會偷走快樂的賊。

——狄奧多．羅斯福（Theodore Roosevelt，美國總統

編按：為與後來的Franklin Roosevelt總統區隔，

華文世界又將之稱為「老羅斯福」）

比較好的評量方式是：**自己跟自己比**。該怎麼自己跟自己比才能降低焦慮、提振信心，還能持續增進表現，我請教過茱莉．貝爾博士（Dr. Julie Bell）。貝爾博士是客戶口中的J博士，她是運動心理學家，服務對象包括專業及業餘運動員，同時也給西南航空（Southwest Airlines）、微軟（Microsoft）、State Farm保險公司等等組織提供商業指導。

下圖是J博士自創的一套個人表現評鑑量尺：

圖 5.1：個人表現評鑑量尺

個人表現評鑑量尺

0 = 你的最差表現 ←→ 5 = 你的平均表現 ←→ 10 = 你的最佳表現

最左邊是0，代表你的最差表現。以我擔任領導顧問、提供績效解決方案的角色來說，最差表現是一個禮拜只有三次高品質互動。

最右邊是10，代表你的最佳表現。以我來說，最佳表現就是一個禮拜有二十次高品質互動。

最重要的是，量尺正中央是5，代表你的平均表現，是你慣常的表現。以我來說，平均表現是一個禮拜有十次高品質互動。

J博士鼓勵客戶不要一看到「平均」兩個字就抓狂，她說：「捫心自問，很少人願意甘於平均。」可是不要忘記，這個平均並不是一大群跟你同類的人的平均，而只是你個人的平均，知道自己的平均才能知道自己究竟站在哪個位置，也才能知道自己還有多少進步的空間。

J博士拿這個量尺去問她的客戶：「你覺得糟糕到什麼程度才算失敗？」大部分人都認為低於個人平均就算失敗，J博士也贊同。

▼圖 5.2：不正確的「成功」定義

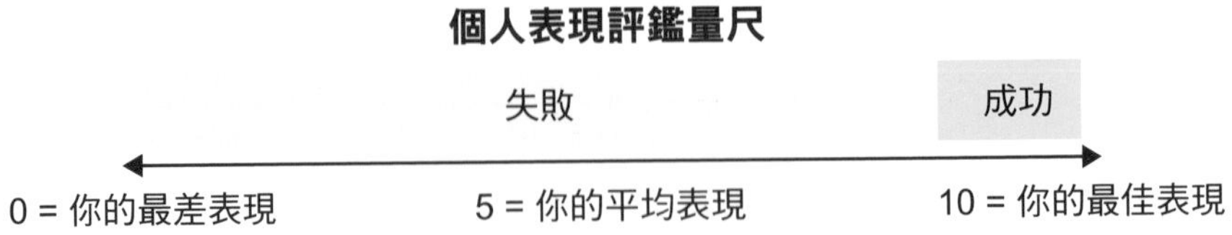

接下來她問的問題就更有意思了：「那你覺得好到什麼程度才算成功？」很多人說要達到10才算成功，至少要跟個人最佳成績一樣好才算。

不要以為上述想法不存在。我正在唸高中的女兒茱莉亞（Julia），參加游泳競賽十年了，游泳選手固定會拿自己的最佳成績來比較，我可以證明，固定拿自己最佳成績來比較絕對弊大於利，沒達到個人最佳成績就陷入挫折、焦慮，甚至落淚的選手時有所聞。

用自己的最佳成績來判定成功與否是很危險的，為什麼？因為那是不切實際的期待。勝過自己最佳成績的機率很小，因此，如果你認為要達到10才算成功，那麼大部分表現都會是失敗，而常常把自己的表現評為失敗肯定只會加深焦慮、挫折、喪失信心。

延續我前面的例子（每個禮拜十次高品質互動是我的平均），假設某個禮拜有十三次高品質互動，而我認為二十次高品質互動才算成功，那麼那個禮拜對我而言就是失敗。所以該怎麼評量比較好？

▼圖 5.3：不正確的「成功」定義

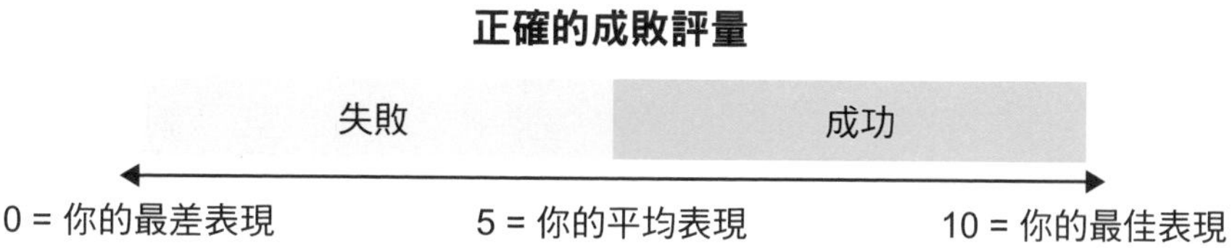

評價成敗較好的方法

有傑出表現的人都知道，每天來點成就感是必要的，成功會建立信心，是很有效的激勵。與其把成功定義為「唯有超越自己最佳成績」才算（這樣的話，成功次數不會多），不如定義為，只要勝過目前個人平均成績就算成功，如此一來，你就能常常嚐到成功的滋味，也能促進多巴胺的分泌。

再延續我前面的例子（每個禮拜十次高品質互動是我的平均），如果我一個禮拜有十一次以上高品質互動，那個禮拜就應該視為成功。沒錯，我是有能力表現得更好，但這樣的評價方式會讓我帶著更大的信心、更少的焦慮進入下個禮拜，然後我充滿幹勁再度超越個人平均的機率就會更高。

是沒錯啦，但是……

你可能會心想：「這種方法對懶散的人可能有道理，但是對我可行不通，我是個自我要求比較高的人，這才是驅動我進步的動力。」

J博士對此的回應是：「失敗次數多於成功真的會讓你有更好表現嗎？答案是否定的。一旦把優於平均的表現一律視為失敗，挫折勢必會多過激勵，你可能會總是覺得自己不夠好，焦慮會油然產生，同時也是災難的開始。」

有一點必須強調：把優於平均的表現視為成功，並不等於就此滿足。

如果我一個禮拜有十一次以上高品質互動這樣優於平均的表現，我會認為我還有很多潛力，下個禮拜更有幹勁想表現得更好。

你應該問的問題是：「哪一種自我評量方式最能降低我下個禮拜的焦慮，最能帶動我的信心和幹勁？」是自我要求高、把未達個人最佳成績的表現一律視為失敗嗎？或者是了解自己的平均表現，只要優於平均就視為成功？

是沒錯啦，但是這種評量方式不就等於是鼓勵平庸嗎？

如果個人平均成績一直原地踏步確實會如此，但這種情況不會發生。個人平均會隨著表現進步而移動，原本優於平均的表現——譬如個人表現評鑑量尺0～10上面的6——不久就會變成新的5，如此不斷有新的平均出爐，你的表現水準就會不斷提升。你的平均會隨著表現進步而不斷進步，而根據0～10量尺上的標示，平均永遠標示為5，所以你會覺得興致勃勃，就像打電動一樣，還有很多怪可以打。

轉念的工具：覺知（mindfulness）

瑞克每天用來紓解焦慮、馴服洞穴人、保持心理放鬆、把威脅轉化為機會的方法之一是：覺知（mindfulness，又稱為正念覺察）。覺知是把注意力放在眼前這一刻、清楚意識到自己的思緒和情緒並加以控制，尤其是處在壓力環境時。

瑞克並不是唯一。「覺知」除了盛行於優秀職業運動員、教練、球隊之間，也採行於谷歌（Google）、通用磨坊食品（General Mills）、高盛（Goldman Sachs）、蘋果（Apple）、美敦力醫療（Medtronic）、安泰保險（Aetna）等等成功企業。[5]

「覺知」常常令人聯想到打坐冥想，但其實「覺知」有很多方法可達到平靜心靈、澄清思緒的目的，包括（但不限於）禱告、寫日記、體能運動。

「重點是定期自省，把自己從日常抽離，好好反省自己的工作和生活，真正聚焦於對你重要的事情上」，比爾．喬治（Bill George）如此表示，他是美敦力醫療前任執行長，著有《*True North*》一書，在哈佛商學院教授「真誠領導」（Authentic Leadership）[6]。

已經有一整門科學證明：提高「覺知」能力就會有更好表現。研究發現，每天打坐冥想可幫助你清楚察覺自我設限的想法，也能減少皮質醇的分泌（皮質醇就是觸發「逃跑、戰鬥、定住不動」反應的荷爾蒙，會直接導致焦慮、心煩意亂）。

麥可．哲衛斯（Michael Gervais）是優秀的運動心理師，二〇一二年開始擔任西雅圖美式足球海鷹隊（Seahawks）的顧問至今，他談到接受「覺知」訓練的海鷹隊球員：「透過這樣的練習，他們學會在壓力之下也能有清晰澄澈的思考。我們可以從這些全世界最優秀運動員身上學到，「覺知」不僅適用於美式足球，任何表現都適用，不論是美式足球場、董事會或客廳都可以。」[7]

蕾莉雅·歐康娜（Lelia O'Connor）專門指導高階經理人如何領導，也是首開在職場傳授「覺知」的先行者，她說：「透過『覺知』，你會更清楚意識到負面思緒和感受如何給你壓力、如何限制你的表現能力，你會更知道如何把壓力轉換成機會，然後以更大的自由、自在輕鬆、平靜、效能去行事。只要你是在快步調、高壓環境下工作的人（我們大多數人都是），『覺知』是可以讓你增強表現的技能。」

我如何應用這些化解焦慮的方法

寫作這本書時，我不斷使用本章所分享的技巧——投進手套、切成小目標、勝過個人平均、覺知。我和瑞克第一次討論合寫一本書時，我們先對這本書的目標有了共識。我們都希望這本書能讓讀者的生活變得更好，也讓讀者能夠進而對他人的生活產生正面影響，這個目標雖然很激勵人心，但也令人望而生畏，有可能會產生難以企及的期待，會觸發我的洞穴人，導致焦慮、恐懼，反而令人癱瘓不前。

坐下來開始寫作時，我腦袋想的並不是我們崇高的目標，而是努力把目標簡單化，以求拋開壓力。我專注做「投進手套」的事，把三萬五千字全文切成每天只寫五百到一千字。我盡可能不要把自己的作品看得太重要，我告訴自己，我不是要改變世界，我只是想把我跟瑞克以及其他優秀表現者身上學到的好觀念分享出來。我每天只求勝過我的平均，我很清楚，我寫的部分內容只有平均的水準或更糟，見不得人，只會永遠留在我的筆電裡，而有些則優於平均，可以收進最後書稿中。只要感覺有寫作的壓力，感覺是被逼著動筆，我就會轉念告訴自己：「我不是『非寫不可』，而是我自己、想把我很熱中的主題寫下來。」

BASEBALL

精采好球

- 碰到緊要關頭時，「不確定」是敵人，「掌控」是朋友，請做個掌控狂，盡一切所能將你能掌控的部分緊緊掌控，其他一律不管。
- 崇高、結果導向的目標會令人望而生畏、令人癱瘓不前，請將它拋開，然後設定你可以完全掌控的簡單、短期、微小、過程導向的目標。不要忘記，「投進手套就對了！」
- 化整為零，降低任務的難度。想想貝特的例子：每一球專注三秒鐘（乘上每場救援所需的十五球）＝每場救援專注四十五秒（乘上每季四十場救援）＝每一季一千八百秒（除以每分鐘六十秒）＝每季三十分鐘。
- 改用可以降低焦慮的評量方法，勝過你的個人平均即可，以此來建立信心。
- 「覺知」不再僅限於西藏僧侶、優秀運動員、高階經理人使用，只要是在步調快速、高壓環境下工作的人都可以採用。
- 用「是我自己要……」來取代「我得……才行」。

BASEBALL

練投時間

- 找一個讓你備感壓力的結果導向、令人卻步目標。
- 找出你的「投進手套」是什麼，化整為零，把它切成簡單、短期、微小、過程導向的目標，如果這樣的目標還是令你畏懼，那就再切得更小，直到你覺得容易為止。
- 只要達到目標就表揚、犒賞自己，你的信心會隨之滋長，你的大腦也會分泌多巴胺來謝謝你，如此一來，你就會一直保有前進的動能。
- 如果你還沒做好準備，那就開始練習「覺知」——打坐冥想、禱告、寫日記、健走或瑜伽之類的體能運動——來平靜你的心靈，讓你得以從全新的視角看清壓力環境。

到這裡，你已經聽到我們播歌清單上的頭三首，覺得如何？應用於你的壓力環境有成效嗎？請透過電子郵件（judd@juddhoekstra.com）或臉書（facebook.com/CrunchTimePerformance）跟我們分享。

CHAPTER 6

將懷疑轉為信心

身邊很多厲害的球員都深信自己比實際還要厲害，他們不會一再用嚴格的標準評價自己。在棒球這樣的比賽中，天天評比是有害無益的。他們很聰明，會把負面部分忘掉，只汲取正面的部分，最後他們的表現也真的比體能天賦所顯示更好。[1]

——比利・比恩（Billy Beane），奧克蘭運動家隊棒球營運執行副總

處在壓力環境時，我們反射性的思考和假設會帶來恐懼、擔憂、疑慮，這些反射性思考和假設包括（但不限於）以下：

- 我們會根據最近一次表現來決定信心的多寡。
- 我們會假設必須狀況很好才會有好表現。
- 我們會假設自己會受困於眼前的壓力環境。
- 我們看不到自己的強項，腦袋只想著自己的疑慮。

我訪談過的表現優秀者，會用非傳統方式來提振信心，本章會介紹他們如何克服自己的疑慮、增強自己的信心。你的思緒會專注於成功，你認為成功在握。

找可靠的信心來源

大部分人的信心是取決於最近一次表現的優劣，表現好就有信心，表現不好就沒有信心，這種方法有個明顯的缺點：表現會起伏不定，常常是取決於你無法掌控的因素。

如果任由信心隨著表現優劣而起伏不定，你會陷入每下愈況的疑慮之中。要是表現不好，你就會失去信心，下一次的表現也不會好，然後又再次削弱你的信心。該怎麼辦才好？

與其把信心繫於最近一次表現，不如繫於你的準備和技能，因為準備和技能是你可以掌控的，而且比較有一致性。

想一想，美國海豹部隊（海軍三棲特戰隊）就算沒有打仗經驗也會帶著滿滿的信心上戰場，他們的信心來自萬全的準備，而不是上一次的作戰表現。

> 我們把戰爭稱為「猴戲」，因為跟訓練比起來輕鬆多了。
>
> ——**布萊恩・海納（Brian Hiner，前海豹部隊，著有《先發制人：打造迎戰變局的高韌性海豹團隊》〔*First, Fast, Fearless*〕）**

你看過耶穌嗎？

查德・布雷佛德（Chad Bradford）是奧克蘭運動家二〇〇一到二〇〇四的後援投手，在瑞克的調教之下，他成為美聯最有宰制力的佈局（setup）投手之一。他並沒有火燙速球，速球只有八十五英里上下，以大聯盟的標準來說非常慢，他的成功之道在於「欺敵」。他的投球姿勢是非傳統的潛水艇式（亦即低肩側投），球投出手的那一剎那，手指關節幾乎快要摩擦到地面。

查德跟我分享了他跟瑞克一段有意思的談話，那次對話幫助他從疑慮轉為自信。[2]

二〇〇一年，也就是《魔球》球季，是我效力奧克蘭運動家隊的第一個球季，春訓期間，瑞克對我的投球動作做了幾個大調整，對我有很大的幫助，也給了我很大的信心。那一年大部分時間我都投得很好，只是八月連續幾場出賽投得不好，我的信心頓時陷入谷底。那是我最大的弱點，只要碰到不順利，自信心就蕩然無存。

所有相信自己辦得到的投手，以及所有相信自己辦不到的投手，都沒錯。

——瑞克・彼得森，借自亨利・福特（Henry Ford，福特汽車創辦人）的名言

（譯註：福特的名言是：Whether you think you can, or you think you can't--you're right.（不管你認為自己做得到還是認為自己做不到，你都是對的））

瑞克把我拉到一旁問：「怎麼了？」

我告訴瑞克：「我不知道，球的威力就是出不來，老是被打中。我也不知道怎麼了，現在好像沒辦法持續投好，解決不了打者，不知道是不是投球動作的問題。」

瑞克告訴我：「查德，你的投球動作沒問題，你只是在懷疑自己。」

我說：「或許是吧，也許只是因為我在懷疑自己。一個月來我連續有好幾場好投，現在只是碰到撞牆期罷了。」

於是我們開始討論我的信心，瑞克問我：「你為什麼不相信自己辦得到？為什麼不相信你站上投手丘就能解決打者？」

我說：「哦……我也不知道，如果我知道，我就不會陷入現在的困境了。」

瑞克想了一會兒之後問我：「你是基督徒吧？」

瑞克知道我是基督徒，他很清楚手下每個投手在意什麼，我回答：「是啊，我是。」

「那你告訴我，你相信耶穌嗎？」

「當然，百分之百相信。」

「那你看過他嗎？」

「沒有，從來沒看過耶穌。」

「那你看過自己投球投得很好的影片嗎？」

「有，我看過自己表現很好的時候。」

瑞克開始一面笑一面說：

「你對沒看過的耶穌都能深信不疑，為什麼明明看過自己的好投卻不相信自己能解決打者呢？」

就這樣，瑞克簡簡單單就提振了我的信心，他的話很有道理，無從辯駁。

最後，查德用以下這段話結束跟我的對話：

我想讓你知道瑞克對我的人生有多麼重大的影響。我在奧克蘭第一次上大聯盟時，瑞克不只改進了我的投球動作，也強化了我的心理素質，他教我知道如何在大聯盟成功立足。二〇〇四年球季結束後，我們雙雙離開運動家，效力不同的球隊，二〇〇五年我受傷，出賽不多，有機會上場時也投不好。

二〇〇六年，我再度有機會跟瑞克一起打球，我們都進入紐約大都會隊（這是很理所當然的選擇）。在紐約，他幫助我重新回到軌道，那一年我表現得很好，球隊一路打進季後賽。球季結束後，我立刻跟巴爾的摩金鶯隊簽下一紙一千零五十萬美元的三年合約。因為有瑞克幫我重回軌道，我的家庭才得以經濟無虞。

如果因為最近表現不好而對自己產生懷疑，那就把注意力放在準備過程中學到的技能，並且重溫你過去最好的表現。

為了日後能重溫，把過去的好表現牢牢記住是有必要的。慶祝完你的好表現之後，請立刻把你的想法和感受記錄成文字，尤其是你做了什麼、結果為何、你的感受如何。

如果你的好表現有錄成影像，請儲存起來，製作成個人最佳表現精選片段，在信心跌落谷底或表現不佳時拿出來看。你會很驚訝，重溫最佳表現和當時的感受竟然如此有效，能讓你重拾信心。

狀況不好也能有好表現

湯姆·葛拉文（Tom Glavine）是已進入名人堂的先發投手，勝投數是棒球史上左投第七多，接受我訪談時，他跟我分享了幾件令我驚奇不已的事。首先，他告訴我，他很少有感覺「狀況最佳」的球賽（也就是得心應手的「化境」感覺）。[3]

隊友口中的湯米（Tommy）告訴我，他喜歡以五次先發為一個單位來切割球季，這是他化整為零的方式，將總共三十五場先發細分成容易管理的小單位。

五次先發總會有一次，你一站上去每件事都很順利，感覺狀況很好，球威虎虎生風，進壘的角度也很好，投出完封或接近完封的一場球也不成問題。

另外四次則是總有個地方出問題，不是身體狀況不好就是速球投不出來，再不然就是控球不好或是球的尾勁不夠，很可能不會有什麼好結果，所以你最好看得出來。

如果你只能打順風球，得要萬事俱備才能贏，那你就慘了，因為萬事俱備並不是常態，不可能每次上場每一件事都如你所願，所以碰到不順利的晚上你最好要看得出來。

一九九一年，我的生涯開始起飛，首次拿下二十勝，贏得我第一座賽揚獎。那一年最大的不同是，我學會如何在投得不順的情況下贏球，學會如何贏得「狀況不好」或甚至「狀況很差」的球賽，因而造就不凡的球季，甚至接下來的每一個球季；因為現在我已經有信心，就算狀況不是最好也能贏球。

要不是出自本人的現身說法，很難相信一位名人堂球員每五次先發只有一次「得心應手」。如果連葛拉文都只有兩成的機率「得心應手」，那我們達到「得心應手」境界的機率又有多少呢？

事實是，我們並不是每天都帶著最佳狀況進入辦公室，背後的原因很多，包括睡眠不足、家庭問題、健康問題、工作負荷太大、跟同事發生衝突、缺乏信心、對某些工作感到懈怠無感等等，可是，就算有這些問題，我們還是被期待要有優秀表現。

好，現在我知道落入「凡境」的機率比進入「化境」的機會多很多，那我要怎麼樣才能在狀況不好、不得心應手的時候有好表現並獲勝？

葛拉文再次提供了他的洞見：「如果上場時發現我的速球狀況不好，那該怎麼辦呢？我會想，我還有其他球種，尾勁也還在，我平常在牛棚很努力練習，足以應付臨時需要的調整。」

換句話說，葛拉文並非只有一種能耐，平常的充足準備讓他精於各種球種，一旦某一球種不靈光，他就換其他，如果是體能狀況未達巔峰，他就以心智取勝。

不是非得要狀況很好才能有很好表現。

穿越時空

處於壓力的迷霧之中時，你可能會覺得困住、無計可施，不過，只要將背景環境轉換一下，你對當下處境的看法和感受往往就會隨之改變，而改變背景環境的方法之一就是：換個時空。

小齊穿越到第二球場[4]

左投先發貝瑞・齊托（Barry Zito）在一九九九年第一輪選秀以第九順位被奧克蘭運動家選中，簽下一紙含獎金一百五十九萬美元的合約，進入奧克蘭的1A球隊——維薩利亞橡樹（Visalia Oaks）隊，從小聯盟開始展開他的職棒生涯，接著他被升到2A，最後在3A先發一場球賽後結束了第一年球季。

二〇〇〇年春天，齊托並不期待能上大聯盟，大部分年輕投手都是如此，就算選秀順位很高也是，齊托被預期會繼續待在3A吸取寶貴經驗，為上大聯盟做好準備。

當年齊托受邀參加二〇〇〇年大聯盟春訓，讓他有機會在壓力不大的環境下體驗大聯盟比賽。雖然他在春訓的表現非常優異，超乎球隊預期，不過齊托還是按照規劃回到3A例行賽先發。

二〇〇〇年七月二十二日，隊友暱稱為「小齊（Z）」的齊托，被運動家叫上大聯盟，主投他的大聯盟處女秀，對手是安那罕天使隊（Anaheim Angels）。前四局他投得很好，只失掉一分，當他站上投手丘要展開第五局時，他心裡知道，只要這一局結束時運動家仍保持領先，他就取得了大聯盟首勝的資格。這個任務似乎不難，因為隊友已經給他火力支援，以七比一的分數領先。

不過，你越是想著結果，越容易疏忽過程（把球投進捕手手套），而沒有過程就不會有結果。小齊正是如此。第五局一開始，他先是保送亞當・甘迺迪（Adam Kennedy），然後被戴林・厄斯泰（Darin Erstad）打出一壘安打，接著又保送班吉・吉爾（Benji Gil），滿壘無人出局，接下來輪到天使隊最厲害的三位打者上場打擊——莫・凡（Mo Vaughn）、提姆・賽門（Tim Salmon）、蓋瑞・安德森（Garrett Anderson）——突然之間，小齊的首勝岌岌可危，運動家投手教練瑞克・彼得森小跑步到投手丘。

瑞克告訴小齊：「你記得今年春訓時我在第二球場跟你說的話嗎？」運動家春訓場地有好幾座球場，以數字劃分。

小齊回答：「記得啊，在第二球場那時，我很緊張，你叫我放輕鬆，只要想像我是在衝浪，很寫意輕鬆。」

瑞克知道小齊在南加州長大，他喜歡衝浪，衝浪能讓他放鬆。

瑞克要小齊想像自己穿越到另一個時空來達到放鬆，這個忠告在春訓的第二球場很有效，但是在大聯盟處女秀也行得通嗎？能幫助他放鬆脫困嗎？

小齊真的放鬆了下來，同時也喚起幾個月前春訓在第二球場表現很好而大增的信心，接下來，他連續三振莫・凡、提姆・賽門、蓋瑞・安德森，結束那一局，也終結天使隊的威脅。齊托拿下大聯盟初登板的勝利。

阿莫回到過去[5]

人稱阿莫（Mo）的馬里安諾·李維拉（Mariano Rivera），是棒球史上最優秀的終結者。阿莫最初在紐約洋基隊的角色是布局投手（setup man），布局投手是救援投手之一，通常在球賽七、八局上場，主要任務是幫助球隊保住領先，然後再交棒給第九局上場的後援投手結束比賽，終結者的壓力是最大的，因為他必須上場關門將球隊領先帶到終點，通常是由球隊最厲害的救援投手出任，終結者比其他選手更需要過人的膽量。

一九九六年，阿莫向洋基隊證明自己是很優秀的布局投手，於是，季後洋基決定放手讓陣中終結者約翰·魏特蘭（John Wetteland）以自由球員身分跟德州遊騎兵簽約，一九九七年球季開始，名人堂教練喬·托瑞（Joe Torre）安排阿莫擔任高張力的終結者角色。

阿莫在自傳《終結者》（*The Closer*）說道：「我在公開場合不把布局投手和終結者的差異當一回事，一再強調我不覺得壓力變大，但其實我確實感受到壓力，我想證明洋基沒有看走眼，我想向大家證明我可以，我不只想跟約翰·魏特蘭一樣好，還想比他更好。」

阿莫在一九九七年球季的起步並不順利，頭六場後援機會搞砸了三場，球季剛開始九局就被打出十四支安打，丟掉四分，擔任終結者的表現遠不如擔任布局投手的他。

後來有兩件事幫助阿莫從谷底翻身。首先是洋基的投手教練梅爾·史托邁爾（Mel Stottlemyre）和總教練和喬·托瑞找他懇談。「阿莫，你知道自己該做什麼嗎？你該做馬里安諾·李維拉，就是原原本本那個馬里安諾·李維拉，不多不少。我們感覺你好像很想做到完美。你是我們的終結者，是我們的人，我們也希望你成為我們的一份子，這件事不會改變」，托瑞告訴他。阿莫聽完頓時鬆了一口氣。「走出他的辦公室時，我感覺如釋重負。」

第二件是轉念，紓解了他身為終結者的壓力。他假裝自己投的是自己很習慣自在的第七、八局，而不是在投壓力滿載的第九局。「從一九九五年底以來，我一直很有辦法讓大聯盟打者出局，跟第幾局無關，所以為什麼要改呢？為什麼要想其他的？這才是我必須謹記在心的。」

阿莫更改了情境，想像自己在另一個時空，儘管只是提早一、兩局。轉念再加上托瑞和史托邁爾的懇談，效果立竿見影，阿莫接下來連續救援成功十二場。

阿莫擔任洋基終結者長達十七個球季，在二〇一三年結束他的職棒生涯。他入選明星賽十三次、打入世界大賽冠軍戰五次，救援成功次數（652）以及終結比賽次數（952）都是大聯盟之最，是公認大聯盟史上最有壓制力的救援投手。

脫離當下的壓力環境，想像自己正處於過去風光成功的時空裡。

6 用兩張表除去弱點和不確定，重拾強項

處在壓力環境時，我們往往會把注意力放在懷疑和失敗，沒看到自己的強項。有時候，懷疑是來自我們自以為的缺點，有時則是來自情勢的不確定，不論是哪一種，只要把注意力拉回強項以及接下來要採取的行動，就可以重拾信心。

有一次和運動心理學家茱莉・貝爾博士（Dr. Julie Bell，又稱J博士）訪談時，我分享了兒子柯爾在曲棍球選秀一個月前發生的事。當時柯爾的洞穴人火力全開，不管什麼因素都可以喚起他的恐懼、擔憂、疑慮，甚至連他不認識教練都是原因之一，更不用說他的速度和敏捷度不如其他部分球員。

J博士建議柯爾拿出一張紙，列出兩個表，左邊列出自己的強項。

以下就是柯爾列出的強項：

- 射門強勁有力。
- 傳球快速、精準。
- 決策明智，知道何時該積極進攻、何時該穩紮穩打。
- 全力以赴。
- 受教。
- 狀況很好。
- 是個好隊友。

- 體力好。
- 會用身體護衛球餅。

在紙的另一邊，柯爾列出三、四件會引發焦慮的事項，但他不僅止於此，他在每一件事項下面還寫下解決焦慮的方法。以下是柯爾列出的第二個表：

- 我不認識教練，他也不認識我。
- 仔細聆聽教練的指導，然後照做。
- 從開始到結束都全力以赴。
- 練習結束後跟教練擊拳，謝謝他。
- 我的腳必須再快一點。
- 利用速度梯（speed ladder）鍛鍊敏捷度。
- 利用滑板（slide board）練習跨步和雙腳速度。
- 折返跑、衝刺、往前、往後、往側邊。
- 跳繩。
- 我的運球技巧尚未達到我的標準。

- 每天在地下室練習二十分鐘以上，練習教練所教的動作。
- 前往滑冰場時，我會開始緊張。
- 禱告。
- 深呼吸。
- 具體想像我在防守區、中立區、進攻區要做什麼。
- 觀看威爾·法洛（Will Ferrell）的《我們要保持沉著（*We gotta keep our composure*）》影片（https://www.youtube.com/watch?v=oydv8IFPeIY），笑一笑。

找出解決顧慮的具體行動，並且一一確實落實，靠著這個方法，柯爾馴服了他的洞穴人，從充滿焦慮轉為充滿信心，一切都在他的掌控之中。練習結束後跟教練擊拳，謝謝他。

列出你的強項，同時也列出你的恐懼、擔憂、疑慮以及具體的解決方法，以此來減少壓力。

BASEBALL

精采好球

- 把信心取決於最近一次表現是很危險的，因為表現會起伏不定，時好時壞。你需要起伏變動不大的信心來源、可掌控的信心來源。請將信心繫於你的準備，不要取決於你的表現。
- 有太多人以為必須狀況好才能表現好，事實上，我們狀況好的機率很低。想想湯米的例子：不是非得要狀況很優良，才能表現很好。
- 處於壓力迷霧之中時，我們會感覺困住、無計可施。其實不然，我們可以用想像把自己帶到另一個時空，以此來紓解壓力。想想小齊的例子，他在大聯盟初登板時穿越到春訓第二球場；想想阿莫的例子，他想像自己上場投的是輕鬆的第七局，而不是壓力滿載的第九局。
- 疑慮往往來自於我們把注意力放在自己的弱點或顧慮，沒看到自己的強項。想想J博士的兩張表——一張寫下強項，一張寫下你打算用來化解疑慮的行動方法。

BASEBALL

練投時間

● 找出一個你在緊要關頭會有疑慮的壓力情況，嘗試以下一個或多個做法來提振你的信心。

■ 切記，你不需要非得狀況好才能表現好。

■ 回想一下你的準備工作，如果成效很好，請計算你當時為此準備了多少時數。

■ 穿越回到過去你表現很好的某個時空，想像你現在就在那裡。

列出兩張表，一是有助於你處理這個情況的強項，一是你打算用來克服恐懼、擔憂、疑慮的作法。

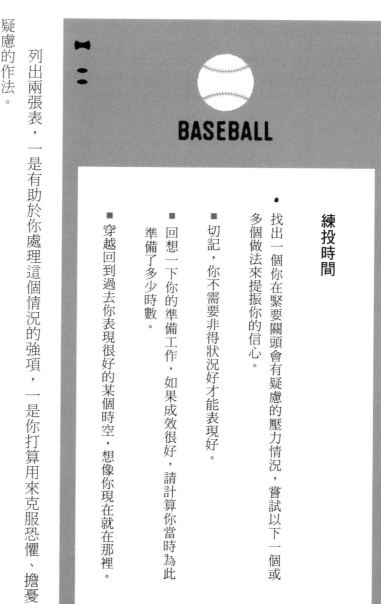

CHAPTER 7

將失敗轉為學習契機[1]

棒球教我們如何面對失敗，我們很小就學到失敗是棒球的常態，就是因為我們都會失敗，我們才特別佩服失敗較少的人——也就是三次打擊有一次安打的人，而且這樣就算是明星球員。

——費伊．文森（Fay Vincent），美國職棒大聯盟前任執行長

用新語言開啟一個部落的轉念思考[2]

蓋瑞．李奇（Garry Ridge）是 WD-40 公司的董事長及執行長，我在十年前當他來參加布蘭查德公司的客戶會議時認識了他。會議上，李奇分享了本章所提到的概念：學習契機（learning moment）；從那次開始，我有幸在好幾個場合跟李奇談話，最近一次對話時，李奇分享了他如何藉由轉念增進自己的表現，以及提升了 WD-40 這個「部落」的表現。

一切始於一九九〇年代末期我們檢視 WD-40 的時候，當時我們希望營收從九千萬美元成長到四億美元，我思考了阻礙我們成長的因素，從我個人的觀點看來，歸根究底就是——恐懼。

恐懼是最癱瘓人心的情緒，我們很需要把我們的文化從恐懼轉為自由。以我們公司來說，我們有必要消除分享知識的恐懼，尤其是失敗的知識。

在當時，WD-40 內部的共通貨幣是知識，擁有越多知識，權力越大。我發現大家會藏私，因為恐懼而不把自己的知識分享出來，大家普遍的想法是：「我知道越多就越安全，只要保有『知識』這個權力貨幣，我就會比其他人更安全。」我心裡知道，如果公司要成長四倍，就必須把知識分享出來，散播到組織裡。

不同的用語會促使人產生不同的想法。

我們很刻意地選用某些用語。

舉例來說，很多組織內部會使用「團隊」（team）一詞，這個詞彙的問題是：團隊是一時的。團隊或許能贏得比賽或冠軍，但通常不會長期持續在一起。

我是個土生土長的澳洲人，對澳洲原住民部落懷有很高的敬重和仰慕，原因有很多。跟「團隊」不一樣，「部落」（tribe）是長久的，而且部落會產生強烈的歸屬感，而歸屬感是人類很基本的動力。此外，部落領袖最大的責任就是將知識分享給族人——哪裡可以找到食物、待在哪裡比較安全，基本上就是分享如何生存的知識——因此才受到族人的尊敬，繼而擁有權力。如果我們員工開始像部落領袖一樣分享知識，像族人一樣學習知識，這種新的用語和思考方式就有助於消除知識分享的恐懼。

同時，我們也必須把犯錯的恐懼除掉。人往往把犯錯視為有害事業發展，而不是視為學習機會，因此會極力掩飾錯誤，只求沒人發現。我必須幫助大家了解，犯錯是不可避免的，但也不必然是無可挽回，為此，我必須給「錯誤」一個新的定義：

事情出錯時，我們不稱之為「錯誤」，而是稱為「學習契機」。不管是正面還是負面的結果，都是「學習契機」，公開分享對所有人都有利。

除了轉換用語，我們還必須教導大家不要害怕失敗。我們的主管必須贏得族人的信任，必須讓族人知道，如果有人嘗試新事物不成功，我或任何一位部落領袖都不會對他或她非難。現在，我們把錯誤視為學習機會，我們鼓勵學習成長的機會，鼓勵把新知識納入工作中。

有一次我們推出一個新的、專為工業用戶設計的保養產品系列，那次就是一個學習契機的例子。當時，我們想在不傷及 WD-40 這個核心品牌的情況下擴展品牌，我們做了研究，認為有獨立成為一個品牌的必要，因此創立了 BLUE WORKS 這個新品牌。BLUE WORKS 系列的產品都有「BLUE WORKS」字樣，並沒有消費性產品上會看到的 WD-40 盾牌字樣，而瓶罐底部則有小小的 WD-40 公司商標，昭告 BLUE WORKS 跟 WD-40 是出自同一家可信任的公司。

BLUE WORKS 品牌並沒有達到我們的預期，我們低估了盾牌 WD-40 的威力。那是個學習機會，我們付了一大筆學費，但是並沒有人因此牽連受罰。經過那次的教訓，我們把「BLUE WORKS」改成「WD-40 專業版」，並且把威力強大的 WD-40 盾牌字樣加上去。品牌重整之後，業績從兩百萬美元躍升到了兩千萬美元，長期業績有望達到一億兩千五百萬美元。

正面結果可以是學習契機，負面結果也可以是學習契機，而且同等重要，兩者各有其價值，只是負面結果的學習契機通常令人很不舒服，不會想分享。於是我們開始把學習契機的觀念「社交化」。我們擬定每月一次的表揚方案，表彰願意將自己的學習契機分享出來的族人，到年底則會頒發一個大獎，讚揚那些巡迴世界，跟各地分公司族人分享學習契機的人。第一個月只有少數幾個人分享，這些人被我們奉為勇士，大力為他們喝采加油，之後分享人數逐月遞增，談論學習契機逐漸變成常態，如今已成為我們工作的一部分。

這類強化公司文化與表現的轉念，取得的結果是無庸置疑、貨真價實。在蓋瑞的領導之下，WD-40 公司的營收成長三倍以上，從一億美元躍升為三億八千萬美元，這個成就是 WD-40 部落全球各地四百三十位員工共同達成，他們同時也把 WD-40 打造成為一個很棒的工作環境。

每兩年，WD-40 部落族人會填寫一份問卷，調查他們的忠誠度——也就是他們對 WD-40 的工作環境、主管、同事的喜愛程度。根據二〇一六年的調查，WD-40 公司的整體忠誠度是 92.8%，有高達 98.4% 的族人表示很樂於告訴別人自己在 WD-40 工作，更有高達 99.1% 的族人表示自己的看法和價值觀跟 WD-40 的公司文化一致。

湯姆・華森（Tom Watson，IBM創辦人）有一則著名的軼事廣為流傳。他的一位部屬犯下非常嚴重的錯誤，造成公司得付出上千萬美元的代價，他被叫進華森的辦公室時這麼說：「我想你應該希望我自己辭職。」華森看著他說道：「你在開什麼玩笑，我們剛剛才花了上千萬美元訓練你。」

不管發生什麼事，裡頭都含有寶貴教訓，最優秀的領導者會記取教訓，將外部事件轉化為成長自主的契機。[3]

——東尼・羅賓斯（Tony Robbins，美國激勵演說家）

別人的意見會令你難堪不滿，還是力求改進？[4・5・6]

人生很少有哪一種努力像棒球這般充滿失敗，打擊者只要十次機會能打出三支安打就算很厲害。棒球計分表記錄了每天的表現，每個球員的成敗一覽無遺，以大聯盟選手來說，他們的失敗更是公開展示在數萬或甚至數百萬粉絲面前。

所有棒球選手都知道沒有人可以一直處於成功，然而，最優秀的球員知道如何因應不可避免的失敗，讓自己更厲害。

湯姆・葛拉文在亞特蘭大勇士隊投了十六個球季，總共拿下兩百四十四場勝投，其中有五個球季達到二十勝以上（二十勝是先發投手追求的指標），有兩個球季贏得國家聯盟（簡稱國聯）最佳投手殊榮的賽揚獎，以這種勝率來看，拿下三百勝、躋身名人堂看來是十拿九穩的事。

二〇〇二年球季結束後，葛拉文和亞特蘭大勇士隊的合約也隨之告終，出乎眾人意料，他離開這支他唯一待過的球隊，跟紐約大都會簽下三年三千五百萬美元的合約，附加第四年的選擇權，讓這份合約的價值有機會增加到四千兩百萬美元。

用「很高」來形容紐約客對他的期待還太客氣了，期待來自各方：球隊、紐約的粉絲和媒體，還有葛拉文本人。

根據棒球分析師的估計，葛拉文會在二〇〇六年球季以大都會球員身分達到三百勝這個魔術數字，帶領大都會重返榮耀。然而接下來卻發生了一件不怎麼好玩的事，阻礙了葛拉文邁向名人堂的路，他陷入了低潮。

二〇〇三年，葛拉文以九勝十四敗結束球季，是他菜鳥球季以來首次未達十勝。他的球技不再了嗎？不是。在紐約打球的壓力壓垮他了嗎？不是！是球賽改變了。

大聯盟引進「QuesTec 裁判資訊系統（QuesTec Umpire Information System）」，這是一種追蹤投球軌跡的技術，用於評量本壘主審的表現，追蹤主審的好壞球判決是否正確。

效力於勇士隊時，葛拉文有個絕招讓他屹立不搖多年：投外角球，他能投出讓打者追打落在好球帶以外的外角球而揮空。拜他在勇士隊闖出的成功和名號之賜，他剛好落在本壘邊緣之外的球往往會被主審判定為好球，而現在有一套系統可以更客觀地裁量主審的判決，於是，同樣的位置不再被主審判為好球，而是判為壞球。

也就是說，葛拉文的作戰計劃——讓打者追打本壘外角的球——已經行不通了。

正當葛拉文設法把艱苦的二〇〇三球季拋諸腦後、為二〇〇四年的東山再起預做準備之際，瑞克做了一個重大決定：離開奧克蘭運動家隊。雖然在運動家的投手教練一職取得很大成就，球隊也戰績彪炳，但是瑞克想搬回東岸，花更多時間在參與兒子的生活上，他獲聘為紐約大都會隊投手教練。

二〇〇四年球季剛開始，葛拉文重拾當年在勇士隊的出色表現，七月第九度入選明星隊，不幸的是，災難在八月初降臨——真的是災難。搭計程車前往謝亞球場（Shea Stadium，編按：當年紐約大都會的主場館，二〇〇九年起移至花旗球場）的路上，坐在後座的他無端捲入車禍。傷癒沒多久他就急著復出重返投手丘，但投球成績非常不理想，生涯追求的三百勝目標從未像此時這麼遙不可及。

二〇〇四年的災難延續到二〇〇五年球季開始，葛拉文陷入嚴重低潮，紐約媒體還在傷口上灑鹽，聲稱跟葛拉文簽下自由球員合約是大錯特錯，一個電台脫口秀主持人甚至說，不知道能不能找到前一年撞到葛拉文搭乘的計程車那個駕駛，把他找出來再撞葛拉文一次。[7]

六月一次作客西岸時，葛拉文的表現跌到谷底，面對西雅圖水手隊，投不滿三局就丟掉六分，他那個球季只拿到四勝七敗，每一場平均自責失分至少五分，慘不忍睹。

葛拉文活生生被糟糕的表現一點一點啃噬，但他並不是唯一，瑞克也深陷痛苦折磨，他對葛拉文是如此敬重，不管是對他的投手身分還是對他這個人。

葛拉文已經逐漸習慣「QuesTec 裁判資訊系統」將本壘外角球判定為壞球，但問題是他還是不知道該如何調整自己的投球。

從西雅圖飛回紐約的長途飛機上，瑞克決定該是直言要求葛拉文改變的時候了，他不是要葛拉文做小改變，而是要他把過去十八年的投球方式砍掉重練，嘗試以前從未試過的方法。這不是容易啟口的對話。

瑞克心裡知道，他人的建言和改變往往會令當事人感覺受到威脅，他知道必須轉換個說法，把威脅轉化為機會，讓葛拉文重新回到三百勝追尋軌道上的機會。

瑞克從飛機前頭的座位起身，向空服員要了兩罐啤酒，往飛機後頭走到葛拉文的座位，他滑進葛拉文身旁空著的座位，打開啤酒。瑞克知道葛拉文很熱中打高爾夫球，於是決定用高爾夫來比喻，他開口問：「湯米，你的高爾夫球袋最多可以有多少支球桿？」

可想而知，葛拉文的心情不是很好，但是基於對瑞克的尊重，他還是勉強給了回答：「十四支。」

瑞克接著回答：「沒錯，而現在你只用了球袋裡的兩支球桿——外角速球和外角變速球。大聯盟每一支球隊對你所做的球探報告都一樣：放掉投到本壘外角邊緣的球，抓你投進好球帶的球，然後把球往反方向或中間方向推打。他們用以拖待變的方式對付你。你以前可以成功讓打者揮棒落空，但現在他們不上當了。」

葛拉文聽到這番話可能很感到十分難堪，但也有可能記取教訓。他無法反駁瑞克的話，但又不知道該怎麼做才好。

瑞克開始分享他的想法：「**你必須開始使用球袋裡其他球桿，必須開始往內角投！**」

NEW YORK
47

葛拉文不可置信地看著瑞克：「投內角？我？」對葛拉文這種球速不快的投手來說，投內角很危險，要是打者就等著要打內角球，很容易一棒揮成全壘打。

兩人繼續進一步討論何時投內角、投哪一種球路，何時再回去投外角，談到最後，葛拉文心想：「投得再怎麼糟就是這樣了，不會更糟了，為什麼不試試看呢？」

幾天後，全新的葛拉文在洋基球場登板，內角、外角都投。洋基總教練喬．托瑞還記得：「他當時完全換了個人，我差點去檢查他的球衣號碼，確認真的是湯姆無誤。」[8] 葛拉文贏得那場比賽的勝投，重拾往日雄風。

那場球賽結束後，葛拉文表示：「他們知道現在我也投內角了，但是不知道我什麼時候投內角，過去的感覺回來了，我又開始讓他們追著球揮空棒。」

葛拉文的東山再起非常驚人。跟瑞克在飛機上的一席話之後，葛拉文在接下來球季的每場平均自責分少了一半。二〇〇五年到二〇〇七年，葛拉文拿下四十一場勝投，二〇〇七年八月五日贏得第三百場勝投。二〇一四年七月二十七日，葛拉文正式進入美國棒球名人堂，發表入選演說時，他特別感謝瑞克對他的協助。[9]

在我大都會後期的生涯裡，瑞克．彼得森，你幫助我重新改造自己，幫助我進行必要的改變，我才得以安然度過職業生涯後期。相信我，一件事做了十六、十七年，要改變談何容易，但是你說服我做了改變，你讓我深信不疑，而且給我信心去做改變。瑞克．彼得森，非常謝謝你的幫忙。

跟所有人一樣，葛拉文也會遭遇逆境，他的做法是坦然接受別人的建言，承認自己的表現未達自己和他人的標準，他也跟我們一樣必須問自己：「我要用什麼態度來面對他人給我的建言，是難堪不滿？還是記取教訓、力求改進？如果我選擇無視他人的建言，我會錯失什麼機會？」

他人的意見是勝利者的早餐。

——**肯．布蘭查德博士**（Dr. Ken Blanchard 領導大師）

固定心態或成長心態？

為了寫這本書而做研究時，我讀過最有影響力的書籍是卡蘿．杜維克（Carol Dweck）的《心態致勝：全新成功心理學》（*Mindset: The New Psychology of Success*），我非常推薦你去找書來讀，因為光是在這裡分享並不足以完整傳達書中的重要觀點。根據杜維克的研究，你所採用的觀點——也就是你的心態——會深深影響你如何過你的人生，也影響你能否成功。

所謂心態，是你如何看待自己的素質和特性，以及如何看待你的素質來自何方、會不會改變等。杜維克把兩種不同的心態列在光譜兩端，分別是「固定心態」和「成長心態」。

固定心態（fixed mindset）是相信自己的特質是一塊堅硬的鐵板，永遠不會改變，你是誰就是誰，聰明才智、創造力、運動能力等等特質都是固定的，不是可以培養的。[10]

固定心態會令人想一再證明自己。人的自尊往往會取決於表現，因此挑戰會被視為威脅，被認為是應該避免的東西，批評也會被視為是對自己特質的攻擊，也應該避免。

相對地，成長心態（growth mindset）是相信自己的特質可以經由努力來培養。雖然人的性情、資質、天分、興趣各有很大差異，但每個人都可以改變，可以經由努力和經驗來成長，換句話說，具有成長心態的人是把自己看成一個「還在進步的作品」。

成長心態會鼓勵你學習和努力，會令你樂於擁抱挑戰，因為你不會把挑戰視為威脅，而是視為學習機會。當你真心相信自己會進步，你就更有動力去學習和練習，也會把別人對你的客觀批評視為寶貴意見，坦然接受。成長心態的典型特徵就是有堅持下去的熱情，尤其在事情發展不順利的時候。

心態會決定你如何看待壓力。沒錯，你猜對了，固定心態的人會給自己很大壓力，他們會避免在壓力之下表現，面臨不可避免的逆境或挫敗時容易放棄。相反地，成長心態的人會樂於擁抱壓力，他們坦然接受自己不可能表現完美，也願意繼續學習、進步。

為了便於闡明，杜維克把這兩種心態簡化為「非A即B」，但其實不然，很可能你在某方面具有固定心態，而在另一方面具有成長心態。舉個例子，我在跳舞方面絕對是固定心態，我自認幾乎是舞蹈白痴，不可能有進步可言，我像害怕瘟疫一般避之唯恐不及。相反的，我在高爾夫球方面則是成長心態，我知道自己是「還在進步中的作品」，也很興奮地持續練習、改進。

你在某個領域所抱持的心態，會決定你在該領域的作為和成敗。以我在跳舞方面的固定心態來說，你絕對不可能看到我出現在《與明星共舞》（*Dancing with the Stars*）節目上，連出現在當地舞廳都不可能。相反的，你會看到我定期練習打高爾夫球，渴望有朝一日爭奪某個高爾夫俱樂部冠軍。

杜維克的心態論最好的地方是什麼？就算你有固定心態，也不是固定不變的，任何人（包括你）都可以學著培養成長心態！

事情發展不如所願時，請問問自己：「我可以從中學到什麼，以減少日後再度發生的機率？」

你的解讀方式是什麼？

麗莎・齊嘉米（Lisa Zigarmi）是我的朋友，也是同事，有一次聊天時我跟她分享我學到的轉念方法。我知道麗莎不僅會對我分享的內容感到興趣，她還有能力進一步增長我的知識。她擁有應用正面心理學（Applied Positive Psychology）碩士學位，曾在賓州大學知名心理學家馬汀・塞利格曼（Martin Seligman）門下學習，麗莎跟我分享了塞利格曼的《學習樂觀・樂觀學習》（*Learned Optimism*，正體中文版由遠流出版）。

塞利格曼原本是研究「習來的無助感」（learned helplessness），結果意外醞釀出「學來的樂觀」。他進行實驗，實驗中的受試者一再碰到不如己願的結果，一如所料，有些受試者會責怪自己，並且放棄，然而，最引起塞利格曼興趣的是那些拒絕悲觀、拒絕陷入無助的人，為什麼這些人不會責怪自己或放棄呢？答案是：樂觀。

塞利格曼後續的實驗於是轉向，從無助改為教導人們如何變成樂觀之人，他要人們質疑自己負面的自我對話，換一種方法來思考自己面對逆境的反應，這跟轉念極為類似。

悲觀者和樂觀者最大的差異是他們對逆境的解讀方式，而差異主要顯現在三個部分：永久性（permanence）、普遍性（pervasiveness）、個人化（personalization），簡稱3P。[11]

永久性（permanence）：樂觀者相信壞事是一時的，不是永久的，很快就會從谷底反彈（這只是一次表現罷了，我日後還有很多展現能力的機會）。相反的，悲觀者會認為壞事背後的原因是永久性，要花比較久時間才能從失敗中站起來（我永遠做不到，根本就不該嘗試的）。

同樣的，樂觀者相信好事背後的原因是永久性（我的能力很優秀，我等不及要再試試看）；而悲觀者相信好事背後的原因只是一時的（我運氣好）。不管是好事還是壞事，樂觀者都取其最有利的解讀，而悲觀者都取其最不利的解讀。

普遍性（pervasiveness）：樂觀者會給無助設防火牆（我在這方面沒有得到我要的結果，不過如果嘗試其他方面就可以）；悲觀者會認為某個領域的失敗就代表整個人生的失敗（我樣樣都做不好）。同樣的，樂觀者會讓好事的光亮也照耀到人生每個領域，而不是只侷限在發生好事的領域（人生真美好，我好運連連）。

個人化（personalization）：樂觀者會把壞事歸咎於自己以外的因素（我這次沒有得到想要的結果，因為我運氣不好）；悲觀者則會把壞事歸咎於自己本身（我是個廢物）。

這裡要特別說明一下，我和瑞克都堅信要為自己能掌控的因素負起完全責任，壞事發生時不可以把責任怪到別人頭上，而上面所講的「個人化」是要凸顯悲觀者往往把責任都怪到自己頭上的傾向，即使失敗因素根本就不是他們所能掌控的，這種傾向非常不利於表現。

根據以上3P，好事會讓樂觀者信心大振，壞事也不會減損樂觀者的信心。相反的，好事提振不了悲觀者的信心，壞事倒是會傷害悲觀者的信心。悲觀者兩面不討好，樂觀者則是兩面都討好。

以下的故事講述一個領導人如何應用轉念，把威脅轉化為機會。

從惡夢到成功

蘇珊·托瑞拉（Susan Torroella）是一位充滿活力又成功的領導人，獲獎連連，包括財富雜誌「年度最佳小企業主」、進入「安永年度最佳企業家」（Ernst & Young Entrepreneur of the Year）最後決選，也被醫藥專業報紙《PharmaVoice》評選為「生命科學一百大領袖」。

可想而知，蘇珊這種等級的領導人對壓力瞭如指掌。她在二〇〇一到二〇〇九年擔任哥倫比亞醫療集團（Columbia MedCom Group）執行長，最近她跟高階經理人教練蕾莉雅·歐康娜談到她面臨過的壓力。根據蘇珊自己的說法，她很擅長處理最後期限、在眾人面前演說之類的壓力，她把這種壓力稱為「迷你壓力」，另外她也講了一個故事，是她至今遇過最大的一次壓力——讓自己的公司破產。

那家公司是我向前任企業主買下，想提供人們工作機會，打造令人讚嘆的公司文化。那家公司是我的遺產，多年來，我們一直很成功，贏得《巴爾的摩》雜誌「最佳就業環境」獎。二〇〇八年，經濟緊縮，對我們和其他很多公司都造成負面衝擊，雖然我們跟雷曼兄弟（Lehman Brothers）沒有任何關聯，但是他們破產造成了連鎖效應，世界各地的投資人都很緊張，有些甚至是恐慌。

投資人來信通知要收回放貸給我們的款項，要我們必須收掉公司，把所有資產給他們，做為還款的一部分。收到那封強迫我們公司查封拍賣的信件時，正值耶誕節前兩週，那是個惡夢，我把一切所有都投入這家公司，我的錢、我的時間、我的心，這家公司是我的夢想，現在卻要一手搗毀它。

現在回想起來，最後那幾個月一定有我沒有處理好的部分。那場惡夢對我來說太過驚駭，造成我夜不成眠。我連續幾天講了整晚的話，講到腦袋都不能思考，雪上加霜的是，我沒吃東西，體重直直落。

幫助我開始好轉、將威脅轉為機會的因素有好幾個。首先，我有很強大的支撐力量。我媽媽讓我得以客觀盱衡情勢，她一再告訴我：「一切會沒事的。」她幫助我看清楚，就算我覺得情況已悲慘至此，我的孩子並不至於挨餓，我們也不會淪落街頭。

另外，看了《*Fast Company*》雜誌上面一個非常成功領導人的側寫報導之後，心裡寬慰不少，也重拾了樂觀。那篇報導中，那位領導人絲毫不帶情緒地提到：「我的公司破產了，所以現在我在做這個。」我頓時了解到，我們這個社會不談失敗，但是那些很成功的人全都失敗好多次，然後繼續努力東山再起。我體認到，失敗是一時的，我也可以跟他們一樣再站起來。現在我已經在另一個事業重新站起（註：蘇珊現在是「健康企業解決方案公司」（Wellness Corporate Solutions）的執行副總），有一句箴言說得沒錯：

挫敗只是在為你的東山再起布局。

《*Fast Company*》那篇領導人側寫也幫助我不再把失敗歸咎於自己，我並不是失敗者，造成借款人收回放貸、造成我們被迫關門大吉的金融危機，並不是我所引起，我的公司之所以無法繼續存活的原因有很多，其中許多因素並不是我所能控制。

我還學到一個教訓：不要讓公司破產影響我其他面向的表現，譬如身為媽媽的角色。

我甚至把公司破產當做機會教育，教導孩子們如何客觀審度情勢、如何管理財務。

一開始的震驚（我無法阻止公司破產清算，也無力避免員工失業）過了之後，我才有辦法重新定義在當時情境之下何謂成功。對當時的我們來說，成功就是盡最大努力提供最好的服務給客戶直到最後一分鐘，成功就是舉辦模擬面試，幫助每一個同仁找到新工作。

每每回想起當時所面臨的人生最大壓力，我都會了解到，現在面對的任何難題相較之下很微不足道。現在我充滿信心，因為只要我能熬過那個難關（我也真的熬過去了），任何難關都熬得過去。

樂觀者如何看待不樂見的事情：

發生這樣的事純屬運氣不好（無關個人），這只是其中一個目標（不是普遍）的一時挫敗（不是永久）。

——**馬汀．塞利格曼**（Martin Seligman，教育家，著有《樂觀學習，學習樂觀》（*Learned Optimism*）一書，正體字版由遠流出版）

BASEBALL

精采好球

- 如果想消除對失敗的恐懼、分享失敗相關的知識，請選用新的詞彙。不同的詞彙有助於不同的思考，因而衍生不同的作為，就像蓋瑞・李奇（Garry Ridge）和WD-40，他們將失敗轉化成學習契機。
- 不管發生什麼事，必然有寶貴的教訓在裡面，能夠從中記取教訓，並對自己的想法和行為做必要修正的人，最能快速從逆境中站起來。
- 棒球選手每天都會接收到關於自己表現成敗的意見反饋，計分表就是每天的成績報告，球迷可能會因此報以噓聲或掌聲，教練可能會因此縮減或增加上場時間。跟棒球選手一樣，你也可以選擇用什麼態度來面對意見反饋——難堪不滿或是力求改進。
- 請採取成長心態，把自己視為「還在進步的作品」，坦然接受壓力，承認自己不可能完美，然後繼續學習改進。
- 請學習蘇珊・托瑞拉（Susan Torroella），用「學來的樂觀」來面對不樂見的結果，把這些不樂見的結果視為一時的、單一個案的，不代表你這個人的價值（亦即不是永久的，不是普遍性的，無關個人因素的）。

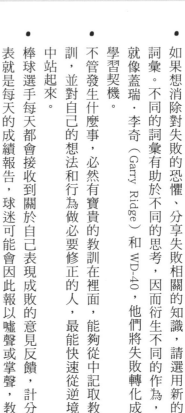

BASEBALL

練投時間

- 想一想你通常如何因應不樂見的結果，你的反應方式對日後的表現是有利或有害？
- 請問自己：
  - 我從這些情況當中學到了什麼？我該怎麼改變現在的心態？
  - 這對我日後因應類似情況有何啟發？我該如何從災難中抓住機會？
  - 我的新作戰計畫有沒有給我信心，幫助我再有下一次機會時能表現更好？

CHAPTER 8

將「做好準備」轉為「過度準備」

天分並不等於表現，準備才等於表現。

——瑞克・彼得森（Rick Peterson，Michael Jordon 的助攻）

這本書還處於提案階段時，我跟 Berrett-Koehler 出版公司的執行編輯尼爾・梅耶（Neal Maillet）進行討論，他要我說說我個人認為哪一個轉念最重要，我的答案很簡單：將我過去以為的「充分準備」轉為表現優秀者碰到壓力時的準備。

尼爾提出質疑，要我三思是否真的要用一個章節來討論「準備」，他說每個人都知道必須好好準備，無須贅言。他說得沒錯，但我也強力主張必須納入這一章，因為我的研究和實際經驗告訴我，很多人並不知道「中低度壓力之下的準備」和「高度壓力之下的準備」有何不同。

其實，如果想安然度過關鍵時刻，就必須做到某一種類型的「準備」。在高壓環境下如果只有平常的例行準備是不夠的，這時如果沒有**過度準備**（**overprepare**）就等於「準備不夠」。在緊要關頭能有最佳表現者，事前都做了「超過必要的嚴格準備」。

你可能會想：你在第三章教我要放鬆去做，現在又好像要我更努力，到底哪個才對？其實兩者都對，所以有必要釐清何時該更努力、何時該放鬆。在準備階段，你必須達到不假思索也能展現能力的程度，亦即在無意識之下就能展現能耐，而要做到這樣的程度就必須更努力，等到臨場表現那一刻來到（簡報、期末考、音樂表演、大比賽等等），就該是相信你的準備、放鬆去做的時候。準備的時候努力，表現的時候放鬆。

過去擔任學生、運動員、生意人時，我都有很好的表現紀錄，所以我自認為很清楚何謂「充分準備」，然而我錯了，事實上，我的「充分準備」雖然在中低度壓力環境行得通，但我並不知道高壓環境之下必須要有什麼樣的準備才能有優異表現，因此人生當中有幾次面臨緊要關頭時，我並沒有拿出最好的表現。

對於一般情況與高壓情況之下所需要的不同程度準備，現在我已經有了更好的領悟。如果拿我一般的準備功夫跟那些在壓力之下也有好表現的人所做的準備相比，根本就不是同一個等級。

瑞克享譽大聯盟的事蹟很多，其中尤以準備之認真最為人津津樂道，同時也是比利・比恩聘請他的原因之一，更是名人堂球員湯姆・葛拉文、佩卓・馬丁尼茲（Pedro Martinez）以及其他無數球員信任他的原因。瑞克最喜歡的格言之一是：「天分不等於表現，準備才等於表現！」而這個寶貴的教訓又是誰教瑞克的？

麥可・喬登（Michael Jordan）的一堂課

瑞克主持芝加哥白襪隊運動心理計畫時，剛好跟地球上最知名運動員有了交集。一九九四年，麥可・喬登決定暫時離開職籃，轉戰棒球，當時瑞克在佛羅里達指導聯盟（Florida Instructional League）對喬登與白襪新秀進行運動心理講習，雖然瑞克是主講人，但他也知道這是向籃球大帝學習的好機會。

瑞克回憶一次跟麥可的難忘對話，「我問麥可：『你是在什麼時候猛然發現自己已經變成人人口中的MJ?』我所謂的MJ，是指那種厲害到名滿天下的人，只要提到名字縮寫就無人不知、無人不曉。對於當時身為年輕教練的我，我很想知道麥可·喬登轉變為鼎鼎大名MJ的原因是什麼。麥可回答，轉捩點是他在北卡羅來納大學念完大二時。」

一九八二到一九八三年，麥可還是北卡羅來納大學的新鮮人，在NCAA冠軍賽以一記跳投投進致勝的一球，到了大二，北卡在NCAA東區決賽被喬治亞大學淘汰出局，潛力未完全發揮，眾人期待落空。

瑞克繼續分享他跟麥可的對話：「麥可告訴我，大二球季結束後，傳奇教練迪恩·史密斯（Dean Smith）把他叫去，給他看幾段影片，分別是不同的練習和比賽，教練問他哪些是他大一的影片、哪些是大二的影片，然後要他說說看完影片後的感想。」

「麥可告訴史密斯教練：『大一時，我準備得很充分，打得很好；大二時，我的準備只能算還好，打得也還好。我頓時了解到，準備等於表現，準備程度會決定我能不能把潛力完全發揮出來。』」

而瑞克跟 MJ 一席話又學到了什麼？「在那一刻我了解到，身為投手教練，我的職責是確保投手們做好了充分準備，如此才能將他們的潛力完全發揮出來。」

以我來看，瑞克最厲害的地方是準備，他永遠比別人多準備一步。他花了無數時間觀看影片、分析打擊者、擬定投球策略與方法。每次坐下來開會檢視打擊者與球探報告時，我們對瑞克的談話總是很信賴，因為我們知道他做了功課。[1]

——**湯姆．葛拉文，名人堂投手**

我的準備程度會決定我能不能把潛力完全發揮出來。

準備是為了強化心理

高頻率、高品質的重複練習（亦即「過度準備」）會衍生肉體上的好處，有利於任務執行，這一點沒有人有疑義，不過，大多數人卻低估了這種「過度準備」所帶來的心理層面的好處。

「過度準備」可以讓你的洞穴人平靜下來，可以給你信心，讓你相信自己沒有什麼事處理不了。一旦有了信心，你就能放鬆下來，而一旦放鬆，你的大腦就會啟動良性的體內化學反應，釋放出可增強表現的化學物質，如此一來，你就更有機會發揮出承平環境下的能力水準。

Boot Barn連鎖零售商執行長吉姆·康羅伊（Jim Conroy）對這種心理優勢有如下的描述：

> 我做過上百萬場的簡報和演講，現在，我只要戴上無線麥可風就能一面講一面隨興走來走去，不必拿任何小抄，同事們總是說：「演講這件事到了你手上好像就變得很簡單，你怎麼有辦法講得這麼自然從容？」我不是自然而然就能這樣，我瘋狂做準備，背後的原因有點出乎眾人想像，我並不是為了記誦演講內容，而是為了放鬆。如果能夠放鬆，我就能表達得很好，而唯有「準備過度」才能讓我放鬆。我會做過多的準備，好讓自己有足夠的信心，等到站上台就能放鬆、清楚

思考、把心思放在聽眾身上。這樣的準備正是我需要的，能讓我臨場的心理狀態達到最佳。[2]

沒錯，我們要一次又一次不停地做

二〇一四年四月，我決定把我的研究從寒冷的芝加哥搬到溫暖的佛羅里達州薩拉索塔（Sarasota）。薩拉索塔是巴爾的摩金鶯隊（瑞克目前效力的球隊）的春訓基地，這趟旅行可以給我機會一睹瑞克的執教情況，也觀察球員們為爭取開季上大聯盟名單的準備。正當我們為這趟旅行想達成的成果預做規劃時，瑞克告訴我，他會安排我跟他以前指導的一位球員聊聊：威爾森・阿法里茲（Wilson Alvarez）。

綽號被稱為威利的威爾森成長於委內瑞拉，是個明星投手，業餘時代曾投出十四場無安打比賽，曾經在委內瑞拉一場錦標賽連續三振二十一名打者，在拉丁美洲錦標賽連續三振十六名打者，威利自己也說：「棒球是我的生命，是我唯一擅長的，如果不打棒球，我不知道我還能做什麼。」[3]

威利的家人給他很大的壓力，希望他去美國打球，揚名大聯盟。十六歲時，威利跟德州遊騎兵隊簽下小聯盟合約，一從委內瑞拉來到美國，他彷彿離開水的魚。

由於無法用流暢英文溝通，又缺乏會講西班牙文的教練，威利得不到意見指導，他們就只是把球交給他，然後期待他有好表現。雪上加霜的是，沒有人幫助他融入這個新國家的文化，他大多只能自立自強，想家再加上孤僻，神氣和自信完全蕩然無存，他覺得受到威脅，洞穴人開始潛入作祟，球場上的表現自然受到影響。

儘管球探一致認為他具備「大聯盟條件」（投球能力），但是他的表現不是大好就是大壞，極不穩定，他告訴我：「我的投球表現就像丟銅板一樣，反覆不定。」

雖然表現極為不穩定，但遊騎兵隊仍然繼續相信他的潛力，他們認為他的身體天分會讓他成功崛起，在大聯盟投出好成績，於是遊騎兵把十九歲的威利拔擢上大聯盟。

一九八九年七月二十四日，大聯盟初登板，威利經歷了一場災難，一個出局數都拿不下來，面對五位打者，投出兩個四壞保送，送出一支安打、兩支全壘打！幸好他很快就被換下，免於遭受更大的屈辱。

威利從原本幾乎是奇才的地位，淪為只有零星好投、無法指望的球員，棒球一直是他生命的全部，是他唯一擅長的東西，如今正一點一滴離他而去，如果這不是壓力，那什麼才是壓力！

大聯盟處女秀的災難結束五天後，遊騎兵將威利交易到芝加哥白襪隊，在前方等著他的，是新的城市、新的文化、新的教練、新的隊友，威利的信心幾乎跌到谷底，不過，就像好看的電影一樣，落入劣勢的角色即將有另一次機會。

白襪將威利分派到小聯盟2A的「伯明罕男爵」（Birmingham Barons）隊，是的，就是瑞克擔任投手教練的伯明罕男爵隊，威利並不知道他的人生即將產生一百八十度大轉變。

瑞克一開始跟威利共事就先問了威利很多問題，他仔細聆聽、觀察，想在提供建議之前先對威利有個了解。根據瑞克的觀察，他發現以大聯盟投手的標準來說，威利的準備嚴重不足，說得好聽一點，威利的練習習慣並不好。

於是瑞克開始為他量身打造一系列培養技巧的操練。對威利來說，無止盡的重複操練似乎過多了，沒有必要，威利回憶：「我會跟瑞克抱怨說『還得再做一次嗎？』在那之前，我棒球生涯上的成功都是仰賴天生能力，所以我以為能不能成為大聯盟投手完全取決於我的天分。」

還記得第七章談到的固定心態和成長心態嗎？威利就是把他的能力視為固定，而瑞克的心態則是成長的，他知道威利的技巧是可以培養增強的。

每當威利問：「還得再做一次嗎？」，瑞克會回答：「是的，要再做一次，一次又一次不斷地做。」瑞克要威利明白，如果無法在沒有壓力的平靜牛棚裡穩定投出好球，就無法指望在充滿壓力的球賽中投出好投。

23

以一季又一季，我們不斷重複投一休四的五天輪值例行公事，為登板先發做好準備。除了出賽那一天，做為大聯盟先發投手其實是很無聊且一再重複的，做準備的過程一點都不刺激好玩，不是大部分人會想知道的過程，不過這樣的重複操練卻是最好的防禦工事，是最好的準備工作。瑞克一再告誡：「要相信準備！這才是決定表現的關鍵。」[4]

——吉姆．亞伯特（Jim Abbott，一九八七年蘇利文獎得主，一九八八年奧運金牌戰出戰古巴的勝投投手，效力紐約洋基時曾投出無安打比賽）

（編註：蘇利文獎是全美業餘運動員的最高殊榮）

瑞克常常告訴旗下投手們：「你們必須在任何環境下都能穩定投出好投，就算是最艱困環境也是（不管是站在汪洋大海郵輪上的投手丘，還是在四萬英尺高空，或是在有五萬多名敵對球迷喝倒采的洋基球場），而要做這點，你們就必須把好投練成機械性反射動作，下意識就能投出好投。」

換句話說，必須在面臨壓力時也能不假思索拿出最好表現。開車就是一個機械性反射動作的好例子，能在無意識之下執行複雜技能。一個經驗老道的駕駛人對手上、腳下在做的事並不需要多想，很多決策都是在無意識之下做成。

特別要強調的是，機械性反射動作和洞穴人面臨壓力時的反射性情緒反應（第二章討論過）有很大的不同。洞穴人面對壓力的反應是一種無意識的「無能」，而瑞克要投手們追求的機械性反射動作則是一種無意識的「有能」，是經過刻意練習而形成。

在學習專業技能方面，安德斯·艾瑞克森（K. Anders Ericsson）是全世界最重要的權威，他點出了大部分人熟知的「練習」和他所謂的**刻意練習（deliberate practice）**[5]有何不同，「刻意練習」有以下幾個要素：

1. 刻意練習的目的是為了增強表現，通常有老師或教練從旁協助。
2. 刻意練習可以不斷重複
3. 刻意練習會持續獲得意見指教。
4. 刻意練習很耗費心力，不論練習的是腦力活動還是身體活動。
5. 刻意練習通常不是很好玩。

刻意練習的要素讓我想起那次到巴爾的摩金鶯隊小聯盟春訓基地拜訪瑞克，當時一抵達我就注意到，有一整排八個投手丘，上面分別站著一個投手，距離每個投手丘六十多英尺遠的地方有個本壘板，後頭有個捕手，在佛羅里達的烈陽下，八個投手分別將球投向八個捕手，此情此景再平常不過。

接著，我注意到從未見過的景象。球場上有兩根柱子上面繫了一條繩子，繩子大約在膝蓋高度，貫穿全部八個本壘板，八個捕手的手套就擺在繩子的後方，我問瑞克繩子是做什麼用的，他回答：「一成九三。」看我一臉疑惑的樣子，他繼續說道：「一成九三是大聯盟打者遭遇膝蓋高度以下球路的平均打擊率（給非棒球迷的補充說明：一成九三是很差的打擊率，投手很樂見，但是打擊者可不想要）。

瑞克繼續說：「持續不斷擊中這條繩子的投手，在球場上就能有好表現。這條繩子可以給他們立即的回應（feedback），讓他們知道有沒有擊中目標。他們不斷練習投向這條繩子，週復一週，整個春訓都在做這件事。每個人都說想成為厲害球員，但有些人願意付出代價，有些人則不。」

職業球員的訓練之一是，不斷訓練腦袋和身體，達到不假思索就能做到的程度，只要達到這樣的程度，你就不容易受到壓力的負面影響。

這時候，足以讓你有最佳表現的思緒和行為，已經深深烙印在你的腦袋裡。

——**瑞克・彼得森**

你有沒有感到厭倦過？

我跟瑞克談話過程中，他分享了跟湯姆・葛拉文的一段談話，那時葛拉文的棒球生涯已近尾聲。話說當時瑞克在球團辦公室，正在瀏覽葛拉文的生涯統計數字，葛拉文在當時已經打了十八個年頭，大約六百場先發都是遵循著同樣的投一休四、五天輪值例行作業。

瑞克走進球團大廳，葛拉文獨自一人坐在皮製躺椅上，一面喝咖啡一面看ESPN，瑞克對著葛拉文說：「湯米，十八年了！同樣的事情一再不斷重複做，你有沒有感到厭倦過？」

葛拉文露出得意的笑容回答：「教練，對於勝投，我從來沒有厭倦過。」

「準備過度」的過程或許令人感到厭倦，但結果是值得的。

九局下半，平手

金鶯隊小聯盟春訓基地有四座球場，第一天抵達的時候，我一個球場一個球場去看球員在做什麼，最後在一個球場停下來，觀看小組對抗賽。

我注意到三壘有跑者，投手注視著捕手的暗號，然後把球投出，打者打成外野平飛球，三壘的跑者輕鬆跑回本壘得分，接著，我聽到一個身穿制服的長者大喊一聲，他就站在投手丘後面，大概是總教練或其中一位教練，他大叫：「我們需要有更好的一球，再來一遍，九局下半，平手，一出局，三壘有人。」如果你是不熟悉棒球的讀者，在此說明一下，「九局下半，平手，一出局，三壘有人」是壓力很大的局面，勝負往往就決定於此刻。

原本跑回來得分的跑者重新回到三壘，新的打者站上打擊區，重打一次。這一次，打者擊出滾地球，外野手看看三壘跑者，確定跑者不敢亂動，接著把球長傳到一壘刺殺打者，跑者仍然在三壘，我直覺想到現在已經兩人出局，危機稍微解除，令我訝異的是，投手丘後面的教練再次大喊：「這次好一點了，我們需要三振或滾地球，再來一遍，九局下半，平手，一出局，三壘有跑者。」

同樣的高壓賽況一再重複，至少十幾次。由於一再處於危機局面，球員們的技能、信心也隨之養成，對這類險峻情勢也逐漸習以為常。

一旦多次練習過的情勢真的在比賽中出現（亦即面臨緊要關頭時），這時的你會充滿信心，因為你知道你已經有無數次在這種情況下表現很好的經驗。

腦袋是你的主人，身體是你的僕人，身體絕不可能表現得比腦袋好，唯有為各種情況預先做好萬全準備才能保持腦袋冷靜。

——瑞克．彼得森

當你一再處於想像的威脅之中，那個威脅就不會再是威脅。等到你真正上場時，你不僅已經為那個威脅做好準備，你甚至會很期待它出現！

眼不見為憑

在金鶯隊春訓基地和威爾森．阿法里茲談話過程中，他分享了讓他得以東山再起的寶貴教誨。

我開始明白如何像個真正的職業球員做準備之後，瑞克在一次牛棚練投時對我做了改變。他要我閉眼投球，我不知道為什麼，不過還是乖乖照做，等我投出球聽到球砰一聲進入捕手手套後，瑞克說：「可以了，睜開眼睛，這是好球還是壞球？」我說我覺得是好球，他說確實是好球，然後我們重複閉眼投球，一次又一次。

沒多久，威利已經可以穩定地閉眼把球投進捕手手套。「很神奇，我竟然能感覺到、聽得到我自己投出一個又一個好球，不必看著目標，接著瑞克問了一個我永生難忘的問題：『如果你可以穩定地閉上眼睛投出好球，為什麼不相信自己在比賽時雙眼睜開的情況下也能做到？』」

這幾次「閉眼」牛棚練投讓威利首次相信：他在大聯盟是有機會成功的。只要努力準備超過外界對他的預期，一百磅重的比賽壓力瞬間就變得像羽毛一樣輕盈。威利不再感受到迫切壓力，他開始放鬆，以高漲的信心在球場上表現。

一九九一年二十一歲時，距離他悲慘的大聯盟處女秀將近兩年，威利第二度登上大聯盟先發投手板，這一回，他竟然投出無安打比賽！大聯盟歷史上從未有人像他一樣，大聯盟初登板連一個出局數都拿不到，卻在第二次登板就投出無安打比賽。威利在大聯盟打了十三個球季，總收入將近三千一百萬美元，如今已四十多歲的他，在金鶯隊小聯盟系統指導菜鳥投手。「我現在所擁有的一切，都要歸功於瑞克，我想將他給我的指導傳給年輕選手，他教我如何成為職業球員，他相信我，他教我如何相信自己。」

熟悉混亂

麥可・菲爾普斯（Michael Phelps）是全世界最厲害的游泳選手，他是奧運史上獎牌總數最多的人，二〇〇四、二〇〇八、二〇一二年三屆奧運總共拿到二十二面獎牌，其中十八面是金牌，足足是奧運獎牌第二多選手的兩倍。

不僅獎牌數量是傳奇，在游泳圈子裡，菲爾普斯的訓練也是傳奇。有長達大約五年的時間，他連一天都沒有休息過，耶誕節和生日也照樣訓練。菲爾普斯的教練鮑伯・包曼（Bob Bowman）分享了他幫助菲爾普斯做準備的方法之一，以求他在壓力之下也能有最佳表現，包曼稱之為：讓全世界最厲害的游泳選手「熟悉混亂」。[6]

在低風險環境下，包曼會刻意給菲爾普斯製造一些不確定，以便他為各種情況做好因應準備，在緊要關頭也能泰然處之。比賽之前，包曼會把泳鏡藏起來，菲爾普斯只好不戴泳鏡游泳。因為有如此極端的準備方法，所以他連開始到結束總共需要划幾下都已經知道，因此雙眼看不到也能比賽。

還有一次，包曼故意把菲爾普斯的泳鏡踩出裂痕，等他沒入水中時，含氯的水因而灌入泳鏡，刺痛他的雙眼，模糊視線。這種近乎瘋狂的準備，在二〇〇八年的北京奧運兩百公尺蝶式比賽證明極為有用。

當菲爾普斯跳入泳池開始比賽，他才發現泳鏡壞了，比賽結束後他告訴記者：「我的泳鏡開始進水，水越進越多，游到大約剩下七十五公尺時，我什麼都看不到，看不到游泳池底的黑線，看不到T字線，什麼都看不到，完全只靠計數手臂划動次數來前進，我也沒辦法把泳鏡拿下來，因為泳鏡是戴在兩件泳帽之下。」[7]

菲爾普斯絲毫不驚慌，依舊繼續摸索著往前游，他有信心自己可以，因為他已經做過好多遍。結果呢？等到菲爾普斯游到終點抬頭望向計時器，他不僅贏得金牌，還打破了自己保持的世界紀錄！

只要預先為可能的混亂失序做好因應計劃，你就能夠樂觀以對。我毋須為種種突發狀況擔心，因為萬一真的發生我已經有了因應計畫。

——**蘭迪．鮑許（Randy Pausch，《最後的演講》〔*The Last Lecture*〕）**

當你為最艱難的狀況（也就是混亂）預先做好準備，你就等於培養出技能和信心，凡事都有辦法處理。

BASEBALL

精采好球

- 請留意瑞克從麥可·喬登那裡學到的一課：天分並不等於表現，準備才等於表現。準備是能否發揮全部潛力的關鍵。
- 「過度準備」給你的助益通常是心理大於生理，你的洞穴人會被馴服，你的信心會大振，你會放鬆，你的大腦會釋放可強化表現的化學物質。
- 務必要「過度準備」，達到無意識之下也「有能力」的程度——也就是不假思索就能拿出最好表現。
- 重複練習一般正常情況是好的，但仍然不夠，就像威利閉上雙眼練投一樣，平常就要練習比競賽中更艱難的情況，如此一來，比賽時你就能「放鬆去做」。
- 學習麥可·菲爾普斯，為最糟糕的情況預做準備，預先熟悉混亂情況。一旦知道不管發生什麼情況自己都已做好準備，信心和放鬆就會油然而生。

BASEBALL

練投時間

- 在你為下一次高壓環境預做準備時，先定義何謂「過度準備」。請回答以下問題：以我的情況而言，「嚴厲到超過所需」的準備是什麼？
- 接著著手去做準備。把「過度準備」的過程整個做一遍，回答以下問題：現在我已經準備好、能夠不假思索就機械性做到嗎
- 「過度準備」完成後，評估自己是不是更有信心、也更放鬆了。

CRUNCH TIME

終場加映

人不光只是存活著，而且不時在決定用什麼樣貌存活著、下一刻要成為什麼，同理，每個人在任何瞬間都有改變的自由。

——**維克多・弗蘭克（Viktor Frankl）**

編註：維克多・弗蘭克是納粹大屠殺下的倖存者，是奧地利著名的神經學家、精神病學家，開創「意義治療」（existential therapy）的先驅。

每一天的每一分每一秒，你都能選擇要採取什麼思維，你的選擇會影響你的感受、你採取的行為、你獲得的結果。明天早上，你會選擇讓鬧鐘喚醒你，還是換個思考，讓機會之鐘喚醒你？

緊要關頭時，你會選擇聽取洞穴人反射性的、原始的、有礙表現的情緒？還是選擇靜下來挑戰洞穴人，有意識地轉念，把眼光放向機會並依此採取行動？

當你透過**機會**這個鏡頭來看世界，人生會好很多，你的想法會更好、感受會更好、結果也會更好，你在最關鍵時刻會有最好表現。

大腦爭奪戰天天在上演，爭搶你的大腦，可喜的是，你已經擁有贏得這場戰爭所需要的知識和幹勁。我和瑞克分享了很多例子，說明別人是如何將威脅化為機會，因而得以安然度過關鍵時刻。請花點時間把你最喜歡的例子寫下來，也就是你想記起來、開始應用於壓力環境的故事，故事索引將集結本書所提到的每一則故事，幫助你回憶。

所謂「天才」，就是有能力將腦袋所想付諸實現，除此定義別無其他。

——**史考特・費茨傑羅**（**F. Scott Fitzgerald**）

編註：美國20世紀最偉大作家之一，經典著作包括描述1920年代美國社會縮影的《大亨小傳》（*The Great Gatsby*）。

轉念是大腦的一塊肌肉，只要好好鍛鍊，這塊肌肉就會更強壯，你就會更容易無視威脅而看到機會。每一章最後的「練投時間」（彙整於附錄的「牛棚試投」）是提供一個指引給你，教你如何開始。不論你的壓力環境是發生於工作、運動、學校或家裡，本書所分享的轉念方法是通用的。

在你逐漸鍛鍊出轉念肌肉的同時，請將你的知識、興奮、成果分享給他人，教給你所愛的人、你的隊友、你的同學和同事，這不只對他們有益，對你也有幫助。

> 有人支持非常重要。你身邊必須有人支持，至少要能把你的價值觀分享出去，成為群體信條之一，要有人也能保持冷靜，並且了解無所畏懼才能釐清事實、拿出最佳表現。
>
> ——**史蒂芬・索德柏**（Steven Soderbergh）

互相幫助可以讓轉念概念蔓延開來！

請來信分享你對本書的意見、你的疑問以及成功經驗：

judd@juddhoekstra.com 或 **facebook.com/CrunchTimePerformance**。

故事索引

第七章：將失敗轉為學習契機

第八章：將「做好準備」轉為「過度準備」

備註 Endnotes

前言

1. Baseball-Reference.com, box score for Oakland A's vs. New York Yankees on October 11, 2001, *www.baseball-reference.com/boxes/NYA/NYA200110110.shtml.*

Chapter 1 轉念：化危機為轉機的最短路徑

1. Kate Larsen, interview by author, telephone, March 10, 2014.
2. Andrew Razeghi, *Hope: How Triumphant Leaders Create the Future* (San Francisco: Jossey-Bass, 2006).

Chapter 2 為什麼轉念在緊要關頭是必要的

1. Steven Soderbergh, interview by author, telephone, April 17, 2014.
2. Ryan Whitwam, "Simulating 1 Second of Human Brain Activity Takes 82,944 Processors," *Extreme Tech*, August 5 , 2013, *www.extremetech.com/extreme/163051-simulating-1-second-of-human-brain-activity-takes-82944-processors.*
3. Paul D. MacLean, *The Triune Brain in Evolution* (New York: Springer, 1990).
4. Daniel Goleman, *Emotional Intelligence* (New York: Bantam Dell , 2006).
5. Dr. Steve Peters, *The Chimp Paradox* (New York: Penguin Group, 2013).
6. Evian Gordon, "Getting away from Pyramid Selling," Sguire to the Giants, November 15, 2015, *https://squiretothegiants.wordpress.com/tag/evian-gordon/.*
7. David Rock, "What Inequality Does to Your Brain," *Huffington Post*, November 10. 2011, updated January 102012, www.huffingtonpost.com/david-rock/psychology-of-ineuality_b_1075227.html.
8. Scott G. Halford, *Activate Your Brain* (Austin, TX: Greenleaf Book Group Press, 2015).
9. Dr. Steve Peters, *The Chimp Paradox* (New York: Penguin Group, 2013).
10. Garry Ridge, interview by author, telephone, March 13, 2014.
11. Madeleine Blanchard, interview by author, telephone, May 6, 2014.

Chapter 3 將賣力轉為放鬆

1. Try Easy is a concept and phrase used frequently by peak performance author, speaker, and consultant, Dr. Robert Kriegel, author of *Performance Under Pressure* (Lake Mary, FL: Archer Ellison Publishing , 2010).
2. Tom Verducci, "The left Arm of God," *Sports Illustrated*, July 12, 1999.
3. Sandy Koufax with Ed. Linn, *Koufax* (New York: Viking Adult, 1966).
4. Steven Soderbergh, interview by author, telephone, April 17, 2014.
5. Mary Levy, interview by author, telephone, November 10, 2015.
6. Wikipedia, "Steve Cohen (magician)," *https://en.wikipedia.org/wiki/Steve_Cohen_(magician).*

Chapter 4 將緊繃轉為笑臉

1. Andrew Tarvin, interview by author, telephone, December 28, 2015.
2. Randy Garner, "Humor, Analogy, and Metaphor : H.A.M. It Up in Teaching," *Radical Pedagogy* (2005).
3. Thomas Ford of Western Carolina University cited by Eric Jaffe, "Awfully Funny: The Psychological Connection between Humor and Tragedy," *Association for Psychological Science Observer* (May-June 2013), *www.psychologicalscience.org/index.php/publications/observer/2013/may-june-13/awfullyfunny.html.*
4. Constantine von Hoffman, "Uses and Abuses of Humor in the Office," *Harvard Management Communication Letter,* (February 1999).
5. Alice M. Isen, "Positive Affect Facilitates Creative Problem Solving," *Journal of Personality and Social Psychology 52* , no.6 (1987).
6. Mayo Clinic Staff, "Stress Relief from Laughter? It's No Joke," (n.d.), *www.mayoclinic.org/healthy-lifestyle/stress-management/in-depth/stress-reliel-art-20044456.*
7. Amy Toffelmire, "Ha! Laughing Is Good for You," Canoe.com (April 2009). *https://chealth.canoe.com/channel_section_details.asp?text_id=4982&channel_id=11&relation_id=27881.*
8. David Abramis, "All Work and No Play Isn't Even Good for Work," *Psychology Today* 23, no.3 (1989).
9. Thomas E. Ford, Brianna L. Ford, Christie F. Boxer, and Jacob Armstrong, "Effect of Humor on State Anxiety and Math Performance," *Humor: International Journal of Humor Research 25*, no.1 (2012).

10. Christopher Robert, "The Case for Developing New Research on Humor and Culture in Organizations," *Research in Personnel and Human Resource Management 26,* (2007).
11. C. W. Metcalf and Roma Felible, *Lighten Up: Survival Skills for People Under Pressure* (New York: Basic Books, 1993).
12. R. Cronin, *Humor in the Workplace* (Rosemont, IL: Hodge-Cronin and Associates, 1997).
13. Mac Delaney, interview by author, Naperville, IL, December 30, 2015.
14. Jim Abbott and Tim Brown, *Imperfect* (New York: Ballantine Books, 2012).

Chapter 5 將焦慮轉為掌控

1. Chad Bradford, interview by author, telephone, February 3, 2014.
2. Dr. Hendrie Weisinger and J. P. Pawliw-Fry, *Performance Under Pressure* (New York: Crown Business, 2015).
3. Dr. Julie Bell, interview by author, telephone, April 3, 2014.
4. Dr. Julie Bell, *Performance Intelligence,* (New York: McGraw-Hill Education, 2009).
5. Bill George, "Developing Mindful Leaders for the C-Suite," *Harvard Business Review,* March 10, 2014.
6. Ibid.
7. Liz Neporent, ABC News, "Seattle Seahawks Will Have 'Ohm' Team Advantage ," January 30, 2014, *http://abcnews.go.com/seattle-seahawks-ohm-team-advantage/story?id=2164481.*

Chapter 6 將懷疑轉為信心

1. Billy Beane, interview by author, telephone, February 13, 2014.
2. Chad Bradford, interview by author, telephone, February 3, 2014.
3. Tom Glavine, interview by author, telephone, February 7, 2014.
4. Barry Zito, interview by author, telephone, February 4, 2014.
5. Mariano Rivera, *The Closer* (New York: Little, Brown and Company, 2014).
6. Dr. Julie Bell, interview by author, telephone, April 2, 2014.

Chapter 7 將失敗轉為學習

1. The Learning Moment is a trademark of the Learning Moment Inc.
2. Garry Ridge, interview by author, telephone, March 13, 2014.
3. Tony Robbins, *Unlimited Power* (New York: Free Press, 2008).
4. Tom Glavine, interview by author, telephone, February 7, 2014.

5. John Feinstein, interview by author, telephone, February 24, 2014.
6. John Feinstein, *Living on the Black* (New York: Little, Brown and Company, 2008).
7. Ibid.
8. Ibid.
9. MLB.com, Video, MLB Network, "Glavine Inducted into HOF," January 27, 2014, *http://m.mlb.com/video/topic/6003532/v34856591/glavine-is-inducted-into-the-baseball-hall-of-fame.*
10. Carol Dweck, *Mindset: The New Psychology of Success* (New York: Ballantine Books, 2008).
11. Lisa Zigarmi, interview by author, telephone, June 5, 2014.
12. Martin Seligman, *Learned Optimism* (New York: Vintage Books, 2006).

Chapter 8 將做好準備轉為過度準備

1. Tom Glavine, interview by author, telephone, February 7, 2014.
2. Jim Conroy, interview by author, telephone, October 8, 2015.
3. Wilson Alvarez, interview by author, Sarasota, FL,March 20, 2014.
4. Jim Abbott, interview by author, telephone, February 10, 2014.
5. K. Anders Ericsson, Neil Charness, Robert R. Hoffman and Paul J. Feltovich, *The Cambridge Handbook of Expertise and Expert Performance* (New York: Cambridge University Press, 2006).
6. Frederick E. Allen, "You Can Only Win in Sports, or Anywhere Else, if You're Ready for Chaos ," *Forbes*, August 14, 2012, *www.forbes.com/sites/frederickallen/2012/08/14/you-can-only-win-in-sports-or-anywhere-else-if-youre-ready-for-chaos/#1aaf2d763f6f690016823f6f.*
7. Unnamed CBS News Correspondent, "Michael Phelps on Making Olympic History," CBS News, November 25, 2008, *www.cbsnews.com/news/michael-phelps-on-making-olympic-history/.*

Final Thoughts 終場加映

1. Viktor Frankl, *Man's Search for Meaning* (New York: Touchstone, 1984).
2. Motivational speaker Zig Ziglar regularly insisted he woke up each day to an opportunity clock.
3. Steven Soderbergh, interview by author, Telephone, April 17, 2014.

謝辭

為這本書貢獻心力的人很多，有些是直接，有些是間接。我的事業生涯長達三十年，所以有無數人對我的人生產生影響、形塑了我的觀點。

給我的父親佩特．彼得森（Pete Peterson）：我有幸生於一個棒球家庭，在棒球場長大。兩歲時，父親給我穿上匹茲堡海盜隊球衣，從此我身上的球衣就沒有脫下來！不論身為海盜或洋基的球員、球探、經理、總經理，他優秀的領導本事深深影響了我對棒球的理解，他充滿愛的引導，塑造了我的生命。

我永遠感謝母親教導我正直、公正、同情、慷慨。謝謝我三個兒子蕭恩（Sean）、德瑞克（Derek）、戴倫（Dylan），他們是我的珍寶。謝謝我的姐妹艾咪（Amy），感謝妳一直是我很棒的朋友。

當我選擇走上教練和老師這條路，我就很清楚，要成為名師，我得先成為好學生。我很感謝這一路上遇到的老師，也一直虛心求教，我們的共同理念是真真正正給他人的人生品質帶來改變。

很謝謝我教導過的所有投手，特別要感謝對這本書貢獻心力的幾位：湯米・葛拉文（Tommy Glavine）、查德・布雷佛德（Chad Bradford）、吉姆・亞伯特（Jim Abbott）、貝瑞・齊托（Barry Zito）、威爾森・阿法里茲（Wilson Alvarez）、傑森・伊斯林豪森（Jason Isringhausen）。

給我待過的球隊：我很榮幸能穿上這些球隊的球衣，能成為大聯盟這個重要運動的一份子，尤其要感謝威利・藍道夫（Willie Randolph）、吉姆・杜格特（Jim Duquette）、肯・馬哈（Ken Macha）、亞特・浩威（Art Howe）、比利・比恩（Billy Beane）、丹・杜格特（Dan Duquette）、巴克・休瓦特（Buck Showalter）。謝謝我現在巴爾的摩金鶯隊的同事，能跟各位共事是莫大榮幸。

謝謝所有對這本書有貢獻的朋友和意見領袖：馬克・李維（Mark Levy）、比爾・史冠鐸恩（Bill Squadron）、比利・比恩（Billy Beane）、詹姆斯・安德魯博士（Dr. James Andrews）、克里斯・柯倫提（Chris Correnti）、威利・藍道夫（Willie Randolph）、約翰・芬因斯坦（John Feinstein）、布雷特・馬赫提（Brett Machtig）、亞特・浩威（Art Howe）、喬・費羅雷托（Joe Favorito）、羅利・卡麥隆（Laurie Cameron）、史蒂芬・索柏林（Steven Soderbergh）、蘇珊・托瑞拉（Susan Torroella）、伊麗莎・李文斯（lyssa Levins），以及 Wharton Moneyball Sirius XM 的同事：馬特・強森（Matt Johnson）、亞迪・偉恩博士（Dr. Adi Wyne）、卡德・梅西博士（Dr. Cade Massey）、蕭恩・強生博士（Dr. Shane Jensen）、艾瑞克・布萊德若（Eric Bradlow）。

特別要向崗堅喇嘛仁波切（T.Y.S. Lama Gangchen Rinpoche）致上最深謝意，我一直以來深受他的啟發和引導，沒有他，不會有這本書。

——**瑞克・彼得森（Rick Peterson）**

我非常感激有機會認識瑞克，Dos Equis 啤酒廣告說錯了，瑞克才是世界上最有趣的男人。我很感謝他張開雙臂歡迎我加入他的團隊，也感謝他在這一路上分享的智慧、感謝他的謙虛自持和友好，我們有共同的熱忱，都想幫助他人成就最好的自己。

還要感謝馬克・李維（Mark Levy）這位專門給意見領袖行銷定位意見的專家，他協助我們敲定本書的主旨，擬定出書計畫，我和瑞克對於他的好奇心、創造力、幽默、友情深表感謝。

謝謝 Berrett-Koehler 出版社的團隊，我和瑞克之所以選擇跟他們合作，是因為他們在每一個步驟都提供了意見，特別要感謝尼爾（Neal）、史蒂夫（Steve）、傑文（Jeevan），感謝他們一路上擔任我們的嚮導。

我很佩服肯・布蘭查德（Ken Blanchard）不藏私的心態，他多次慷慨分享機會給我，包括這一次。

除了瑞克前面提到的專家，我也要感謝以下個人提供的專業知識和友情：茱莉・貝爾醫師（Dr. Julie Bell）、瑪德蓮・布蘭查德（Madeleine Blanchard）、吉姆・康羅伊（Jim

Conroy）、馬克・丹勞伊（Mac Delaney）、艾德・漢納（Ed Hiner）、湯姆・凱利（Tom Kelly）、凱特・勞森（Kate Larsen）、琳達・米勒（Linda Miller）、蓋瑞・李奇（Garry Ridge）、安德魯・塔文（Andrew Tarvin）、麗莎・茲加敏（Lisa Zigarmi）。

感謝閱讀初稿並給我寶貴意見和鼓勵的家人、朋友、客戶、同事：榮恩（Ron）、克勞蒂亞（Claudia）、傑夫（Jeff）、喬許・胡克斯克拉（Josh Hoekstra）、蕭恩・史托林（Sean Storin）、凱莉・柏林（Kelly Burling）、布萊恩・薩卡（Brian Soczka）、萊恩・比伉（Ryan Beacom）、傑米・布萊特施泰恩（Jamie Blattstein）、卡拉・迪喬瓦尼（Carla DiGiovanni）、蘇珊娜・雪莉（Suzanne Sherry）、布萊恩・軒尼斯（Brian Hennessy）、蘭迪・洛特（Randy Lott）、丹・桑德爾（Don Sandel）、克里斯・艾德蒙斯（Chris Edmonds）、妮可・帕帕斯（Nicole Pappas）、瑪莎・勞倫斯（Martha Lawrence）。

最後要感謝的人也是我最在意的人，我永遠感激雪莉（Sherry）、茱莉亞（Julia）、柯爾（Cole），他們在這三年中所做的犧牲不可勝數，謝謝他們不斷的鼓勵，也謝謝他們願意一路陪著我轉念，他們是我的動力，驅使我每天努力去馴服洞穴人，驅使我為了他們而拿出最好的自己。

——**賈德・霍克斯卓（Judd Hoekstra）**

RICK PETERSON
瑞克・彼得森

瑞克・彼得森（Rick Peterson）是美國職棒大聯盟（Major League Baseball, MLB）知名教練，擅長誘發球員的最佳表現，尤其是在壓力下的表現。他結合了生物力學、預測分析、掌控心智等等方法，形成一套最先進的教練方法，能發揮出球員最大潛力。他過去的豐功偉業記錄於麥克・路易士 Michael Lewis 的暢銷書《魔球》（*Moneyball*），並翻拍成同名之電影以及約翰・芬因斯坦（John Feinstein）的《*Living in the Black*》一書。

擔任大聯盟投手教練十五年期間，他效力過奧克蘭運動家（也就是魔球年代）、紐約大都會、密爾瓦基釀酒人等隊，指導過名人堂選手、全明星賽球員，以及賽揚獎得主，包括湯米・葛拉文（Tommy Glavine）、佩卓・馬丁尼茲（Pedro Martinez）、崔佛・霍夫曼（Trevor Hoffman），以及貝瑞・齊托（Barry Zito）、馬克・穆爾德（Mark Mulder）、艾爾・萊特（Al Leiter）、提姆・哈德森（Tim Hudson）、吉姆・亞伯特（Jim Abbott）、比利・華格納（Billy Wagner）、約翰・佛朗哥（John Franco）等人。此外，他也跟其他優秀運動員共事過，譬如羅傑・克萊門斯（Roger Clemens）和麥可・喬登（Michael Jordan）。

瑞克目前是巴爾的摩金鶯隊投手培訓總監，他是很搶手的激勵大師，常常現身全國性廣播電視節目——ESPN、彭博（Bloomberg）電視網、大聯盟電視網、福斯商業電視（Fox）、華頓商學院廣播節目（Wharton Moneyball on Sirius XM）——分享他的專業知識。

瑞克一向擁抱創新、尖端的方法，他是賽伯計量學（sabermetrics）和生物力學分析的先驅，透過這些方法來保持投手的健康、減少受傷。他曾獲得美國運動醫學學會（Academy of Sports Medicine Institute）頒發的「安德魯博士終身成就獎」（Dr. Andrews Lifetime Achievement Award）、巴爾的摩金鶯隊頒發的「球員培訓獎」，以及芝加哥白襪隊頒發的「年度最佳教練獎」。

瑞克指導過的球員都很了解他在球賽心理層面的專業能力，但外界直到本書出版才得以一窺堂奧，他擅長協助他人藉由轉念方式來取得成功、發揮最大潛能。

瑞克相信回饋是成功的關鍵因素。他是多個慈善組織的志工，也身兼聯合國非政府組織代表以及和平大使。

他育有三個兒子，跟太太蕾莉雅（Lelia）住在紐澤西州海邊。

瑞克是炙手可熱的演講人，喜歡跟大大小小不同場合的觀眾溝通，他會分享自己的專業知識，並透過大量引人入勝的故事與執教經驗來教導大家轉念。他擅長的主題為球員訓練、如何達到最佳表現、領導力、創新、壓力之下如何表現、從魔球得到的領導教訓、轉念、預測分析。

他的連絡方式：rich@rickpetersoncoaching.com 或 www.rickpetersoncoaching.com。

國家圖書館出版品預行編目(CIP)資料

決勝從轉念開始 / 瑞克 . 彼得森 (Rick Peterson),
賈德 . 霍克斯卓 (Judd Hoekstra) 著 .
-- 初版 . -- 臺北市 : 遠流 , 2018.07
面； 公分 .

譯自 : Crunch Time : how to be your best
when it matters most

ISBN 978-957-32-8291-4 (平裝)

1. 職場成功法 2. 自我肯定 3. 自信

494.35 107007152

大衆心理館 349

決勝從轉念開始

作者／瑞克 ・ 彼得森（Rick Peterson）&
賈德 ・ 霍克斯卓（Judd Hoekstra）

譯者／林錦慧

副總編輯／陳莉苓

特約編輯／周琳霓

行銷企畫 / 陳秋雯

封面設計 / 季曉彤

插畫繪製 / Ice Lin

內文編排 / 平衡點設計

發行人／王榮文

出版發行／遠流出版事業股份有限公司

100 臺北市南昌路二段 81 號 6 樓

郵撥／ 0189456-1

電話／ 2392-6899 傳真／ 2392-6658

著作權顧問／蕭雄淋律師

2018 年 7 月 1 日 初版一刷

售價新台幣 320 元（缺頁或破損的書，請寄回更換）

ylib 遠流博識網

http://www.ylib.com

e-mail:ylib@ylib.com

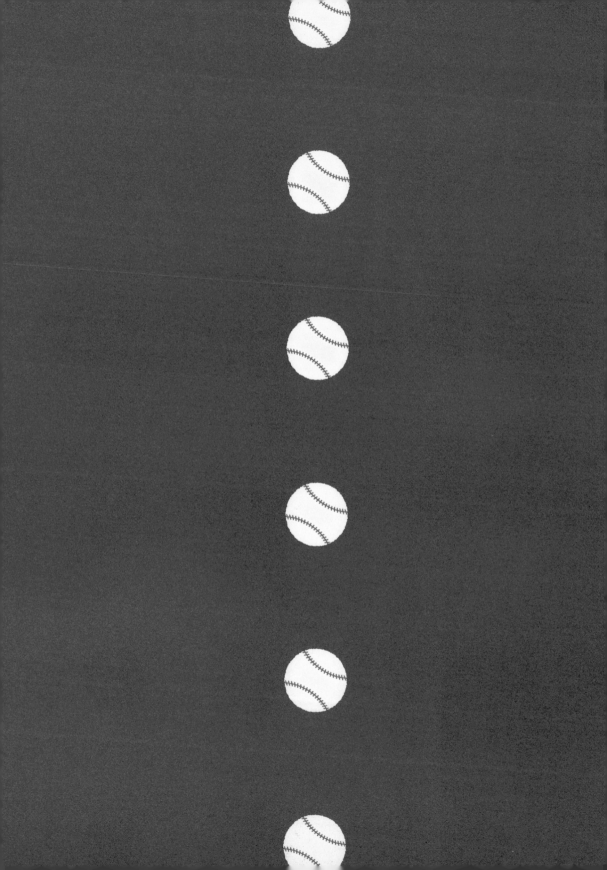